グローバル時代の食と農 4

アグロエコロジー入門

理論・実践・政治

ICAS日本語シリーズ監修チーム 監修

ピーター・ロセット／ミゲル・アルティエリ 著

受田宏之 監訳

受田千穂 訳

明石書店

「グローバル時代の食と農」シリーズの刊行にあたって

　私たちの食生活は、世界中から集められた「美しい」食材で溢れている。しかし皮肉なことに、これらの食材は、だれがどのように生産したのかが分からないために、不安とよそよそしさを生み出してもいる。そこで改めて、食と農、さらにはその基になっている自然と地域社会を見直そうという機運がかつてなく高まっている。そのことは、この数年間で私立大学に農学部およびそれに類する学部が相次いで開設されたことによく示されている。また地方大学では、農業や地域産業を含む地域立脚・地域志向型学部（地域協働学部や地域創成学部など）への再編を行ったところも少なくない。

　しかし、こと日本の農業について語るときには常に過疎化、高齢化、後継者不足という、ステレオタイプの理解がつきまとっている。この理解は、今のままでは日本農業に未来がないので、大胆な改革が必要であるという言い分につながる。この言い分は、コスト競争力を強化し、農産物をどんどん輸出して「儲かる農業」に変えていくことを求める。中小規模の「農家」が多数を占める、現在のような日本農業ではダメで、少数の大規模家族経営や法人経営のような効率的「農業経営体」を育成しなければならない。これからはICT（情報通信技術）やロボットを駆使する最先端の農業を行える「農業経営体」だけが世界規模の大競争に勝ち抜き、生き残っていける。このような情報技術を使うアグリカルチャー4.0の時代に対応できない中小規模の農家や高齢経営者には「退場」してもらうしかない。

　こうした効率優先、利益第一、市場万能、競争礼賛の考え方は、まさに新自由主義的な経済思想にほかならない。この経済思想は、生命と自然を大事にする地域密着の農業から利益優先の農業・食料システムへの転換を図っている。しかし、本当にそれで私たちは幸せになれるのだろうか。翻って、日本から目を転じたときに、世界の農業もまた新自由主義的な方向性に覆いつくされているのだろうか。世界的な視野から日本の農業を見直すと、ステレオタイプの言説に囚われた理解を乗り越えて、新しい視野を獲得することができるのではないだろうか。

　この問題を考えるうえで、「グローバル時代の食と農」シリーズ（原書版シ

リーズ名 Agrarian Change and Peasant Studies Series）はとても有益な示唆を与えてくれる。本シリーズは、効率性や市場万能主義が跋扈しているかに見える世界の農業とそれを取り巻く研究が、「だれ一人取り残さない」視野に立脚し、新自由主義とは大きく異なるパースペクティブを持っていることを教えてくれる。食と農は人間の生命と生活の根源に深くかかわっているし、農の営みが行われる農村空間は社会的にも景観的にも経済にとどまらない多彩な意味を持つからである。

　確かに、新自由主義的なグローバリゼーションが深化していく中で、農業とそれを取り巻く社会関係は大きな変容を迫られてきた。しかし私たちは、その変容がもたらす意味についてきちんと考えてはこなかったように思う。また、この変容の中で農民がどのように生きているのか、農民たちが世界中の農民と連帯し、またNGO（非政府組織）などの市民社会組織、さらには国際機関と連携を強めていることに無関心であったように思う。本シリーズによって、私たちは日本からの視点だけでは見えにくい農の全体性をしっかり理解できるだろう。

　このシリーズは、国際的な研究者ネットワークであるICAS（Initiatives in Critical Agrarian Studies）に集まった世界でもトップクラスの研究者による書き下ろしの Agrarian Change and Peasant Studies Series を翻訳したものである。本シリーズは、ICAS のイニシアティブをとり、また農と食に関する国際的学術誌として名高いJPS（Journal of Peasant Studies）の編集長でもあるサトゥルニーノ（ジュン）・ボラス・ジュニア教授の発案によるところが大きい。

　ここで、本シリーズを日本語訳として読者に提供できるようになった経緯を少し振り返っておきたい。ジュン・ボラスから監修チームの一員である舩田クラーセンさやかに、本シリーズの日本語版出版の打診があったのは2014年のことである。その後、同じく監修チームの池上甲一が舩田からの連絡を受け、2015年6月にタイのチェンマイで開かれた土地収奪（landgrabbing）の国際会議（Land Grabbing: Perspectives from East and Southeast Asia）でジュン・ボラスと会うことにした。池上は初めての出会いだったが、会場の片隅で話をするうちに飾らない人柄と熱情に魅かれ、また彼の考えにシンパシーを感じるようになった。本シリーズを日本で紹介することは意味があることは承知していたが、改めてその意義を確認し、なんとか彼の希望を実現したいと考えるようになった。とはいえ、日本の出版状況はたいへん厳しいので、道は遠いことを覚悟しなけれ

ばならなかった。帰国後に、出版社と交渉する一方で、通称ランドグラブ（土地収奪）科研（アグリフードレジーム再編下における海外農業投資と投資国責任に関する国際比較研究、研究代表者：久野秀二、2013年度〜2015年度）のメンバーと相談し、この科研のまとめとして予定している国際シンポジウムに招聘して、より詰めた相談をすることにした。シンポジウム後に京都大学で、監修者チームのメンバーがジュン・ボラスと打ち合わせを行い、大まかな方針を確定した。その後、若干の時間が必要だったが、本シリーズを日本の読者に届けられるようになったのはうれしい限りである。

　本シリーズはすでに多数の言語に翻訳され、それぞれの文化圏で高い評価を得ている。今回、明石書店から日本語版を刊行できることとなり、お礼を申し上げたい。おかげで、遅ればせながら日本でも世界最高水準の研究に接することができるようになった。

　新しい方向性や羅針盤を探している農民や農業関係者はもとより、農や食に関心のある学生や研究者、開発援助にかかわる実務家や市民社会組織、一般社会人にも本シリーズを手に取ってもらい、多くの刺激を得てほしい。

ICAS日本語シリーズ監修チーム一同

シリーズ編者による序文

　ピーター・ロセット／ミゲル・アルティエリ著『アグロエコロジー入門──理論・実践・政治』は、ICAS（Initiatives in Critical Agrarian Studies：批判的農業研究イニシアティブス）の「グローバル時代の食と農」シリーズ7巻目となる書物である。ヘンリー・バーンスタイン著『農業変容の階級ダイナミクス』に始まり、2巻ヤンダウェ・ファンデル・プルフ著『小農と農業技術』、3巻フィリップ・マクマイケル著『フードレジームと農業問題』、4巻イアン・スクーンズ著『持続可能な生活と農村開発』、5巻マーク・エデルマン／サトゥルニーノ・ボラス・Jr著『国境を越える農民運動』、6巻ヘンリー・ベルトメイヤー／ラウル・デルガド・ワイス著『農業変容と移民、開発』がこれまでに刊行されてきた〔巻番号は日本語版とは異なる〕。本書を含む7冊は、今日の農業研究において、農業政治経済学的な分析の視点を持つことが戦略的に重要であり、かつ妥当であることを再確認するものとなっている。シリーズの続刊もまた、政治的に妥当で科学的に厳格であることが示唆される。

　シリーズの概要を述べることで、ICASによる知的であり政治的でもあるプロジェクトにおいて本著がどのような位置を占めるのかを示してみたい。今日、世界の貧困層の4分の3が農村に暮らしており、世界の貧困は依然として農村の現象であり続けている。このため、地球規模での貧困と多次元にわたる（経済、政治、社会、文化、ジェンダー、環境など）その解決策は、農村の貧困状況をもたらし再生産し続けるシステムに対する農村で働く人びとによる抵抗と、彼らによる持続可能な暮らしのための闘争とに、密接に結び付いている。このように農村に注目することは、開発を考える際に依然として重要である。しかしながら、農村に注目するからといって、農村と都市の問題を切り離すことにはならない。農村と都市の結び付きをより深く理解することが課題となる。というのは、新自由主義的な政策が道筋をつける農村の貧困脱却策も、主要な国際金融・開発機関を巻き込みかつそれらに導かれる地球規模での貧困への闘いも、農村の貧困を都市の貧困に置き換えているのに過ぎないところが大きいからである。

　主流派の農業研究には潤沢に資金がつぎ込まれるため、農業問題に関する調

査研究の実施や出版を支配できるようになっている。世銀をはじめこうした思考を広めている機関の多くは、世界中に普及しアクセスが容易で政策志向の出版物を作成し、宣伝する術も身に着けてきた。一流の学術機関の批判的な思考の持ち主はこうしたアプローチに異議を唱えることもできるが、通常はアカデミーの範囲に限られ、一般への影響は小さい。

　科学的に厳格かつ分かりやすく、政治的にも妥当であり、政策志向でしかも手頃であるような批判的農業研究*) に属する本を著すことにより、学術機関（教師、学者、学生）および南北の社会運動家と開発実践者の要請に応えることが求められている。ICAS はそうしたニーズを満たすため、本シリーズの刊行に着手した。以下に述べるような問いに基づきつつ、コンパクトでありながらも、特定の開発上の論点について最先端の議論を紹介する本を公刊することを目指している。

- ・扱う主題において、何が争点となっているのか、議論の分かれ目となっているのか？
- ・鍵となる学者、思想家、政策実務家は誰か？
- ・現在に至る議論の道筋はどのようなものか、また将来どのような方向に向かうのだろうか？
- ・参考文献にはどのようなものがあるのか？
- ・NGO、社会運動家、政府開発援助業界や非政府のドナー団体、学生、学会、研究者、政策担当者が本の中で説明されているような論点に批判的に取り組むことがなぜ、いかにして重要なのか？

　シリーズの各巻はいずれも、理論面および政策面での議論を様々な国と地域の実例とつなげようとしている。

　本シリーズは英語の他、中国語、スペイン語、ポルトガル語、バーサ語、タイ語、日本語、韓国語、イタリア語、ロシア語など、多言語に翻訳される予定である。各言語の責任者は以下の通りである。中国語：中国農業大学（北京）人文開発学部の Ya Jingzhong。スペイン語：メキシコのサカテカス自治大学大

---

*) critical agrarian studies の訳で、工学的、経済学的な農業研究を批判してきた小農研究（peasant studies）を発展させたもの。

学院開発研究プログラムのラウル・デルガド・ワイス、スペインのバスク農民連合のシャールス・イトゥルベ、ボリビア大地の基金（Fundación Tierra）のゴンザロ・コルケ。ポルトガル語：ブラジルのパウリスタ大学のプレシデンチ・プルデンチ校のベルナルド・マンサーノ・フェルナンデス、ブラジルのリオグランデドスール連邦大学のセルジオ・シュナイダー。インドネシア語：ガジャ・マダ大学のラクスミ・サビトリ。タイ語：チェンマイ大学、RCSD（社会科学と持続可能な開発のための地域センター）のチャヤン・バダナプッチ。イタリア語：カラブリア大学のアレッサンドラ・コラード。日本語：京都大学の久野秀二、近畿大学の池上甲一、明治学院大学の舩田クラーセンさやか。韓国語：農業・小農政策研究所のワンギュウ・ソン。ロシア語：RANEPA（国民経済公共政策ロシア大統領アカデミー）のテオドール・シャニンとアレキサンダー・ニクリン。

　「グローバル時代の食と農」シリーズの目的に照らし合わせるならば、ロセットとアルティエリによるシリーズ第7巻となる本書の刊行が喜ばしいことが容易に理解できよう。本シリーズはいずれも、主題、手に入りやすさ、妥当性と厳密さにおいて優れている。この重要なシリーズのさらなる発展にわくわくしている。最後に、本書はローザ・ルクセンブルグ基金とTNI（トランスナショナル研究所）の資金助成と協力を得て刊行されたことを申し添える。

ICAS「グローバル時代の食と農」シリーズ編者
サトゥルニーノ・ボラス・Jr
ルース・ホール
クリスティーナ・シアボーニ
マックス・スプア
ヘンリー・ベルトメイヤー

謝　辞

　この小著を出版するにあたり、サトゥルニーノ・（ジュン）ボラスをはじめとする「グローバル時代の食と農」シリーズの編集者、およびファーンウッド出版の編集者に対し、謝意を表したい。また、クララ・ニコールズ、イヴェット・ペルフェクト、マイケル・ピンバートおよび1名の匿名査読者からの有益なコメントと示唆に御礼を申し上げる。

　さらに本書は、小農[*]、先住民族の農民、異端であることを恐れぬ科学者、草の根の社会運動家など様々なアグロエコロジストたちに多くを拠っている。こうした人びとこそが、本書の中で描き擁護するアグロエコロジーを共に作り上げてきたのである。特に、現代の国境を越えた社会運動であるビア・カンペシーナ（La Vía Campesina）には次の点で謝意を表したい。すなわち、アグロエコロジー運動において見通しを提示しリーダーシップを発揮したこと、およびアグロエコロジーおよび農業改革[**]こそが食の主権[***]を確保するにあたって鍵となることをはっきりと示したことである。

　ピーター・ロセットは、特に以下の協力者に謝意を申し上げる。メキシコ、チアパスのECOSUR（南部国境大学院大学）のアグロエコロジー普及研究グループの同僚と院生は、アグロエコロジーの普及（scaling）とテリトリー化[****]という我々の集合的な思考概念を前進させるのに理想的な環境を整えてくれた。キューバの全国小規模農家連合はアグロエコロジーの応用の貴重な実例と

[*]「小農ないし小農民（peasant, 西語はcampesino）」とは、地域と歴史条件によって大きく異なり、絶えず変化する農民概念である。それに留意しつつ、本書では、小規模であるだけでなく、市場経済に統合されつくしていない点を強調するために用いられている。一般に、経済的には彼ら小農は非効率とみなされ、政治的には国家から支援を受けることは少なく、ときにあからさまな迫害の対象となってきたが、本書では、農業や自然環境に関する彼ら固有の知識や慣行を再評価しようと試みる。

[**]　agrarian reformの訳だが、著者らは「農地改革を含む小規模農家に有利な制度変革」という意味で用いている。

[***]　food sovereigntyは「食料主権」と訳されることが多いが、「グローバル時代の食と農」シリーズの方針に従い、本書では「食の主権」としている。

[****]　territorializingの訳。テリトリーとは土地が特定の人びとにとって持つ文化的、実存的な意味合いないし政治性を強調したいときに使われる概念である。国家の存在を必ずしも前提としてはいない。

ている。チアパスにおけるサパティスタ^{*)}のアグロエコロジー普及員は、自治の実現にアグロエコロジーが中心的な役割を果たすことを示してきた。ブラジルの土地なし農民運動は、アグロエコロジーをアグリビジネスおよび地方の荒廃をもたらす資源収奪型資本主義と対決するための重要な戦略と位置付けている。最後に、ブラジルの CAPES（Coordenação de Aperfeiçoamento de Pessoal de Nível Superior：ブラジル高等教育評価支援機構）からは客員教授のポストを与えてもらったが、その機会は本書執筆にも役立たせていただいた。

　ミゲル・アルティエリは、カリフォルニア大学バークレー校をはじめとする大学の数多くの学生と同僚、および SOCLA（ラテンアメリカ・アグロエコロジー科学学会）の会員に御礼を申し上げたい。SOCLA の会員によって筆者は、研究、教育と社会活動において社会的、文化的、政治的側面も考慮するようアグロエコロジーへのアプローチを広げるように働きかけられた。特に同僚であり妻であるクララ・ニコールズには、アグロエコロジー普及のために世界を駆け巡る間に受けた支えに謝意を表したい。

　私たちは、ラテンアメリカや世界の他地域の多くの農家の皆さんに深く感謝している。彼らは大変な知恵と技術をもって農地を守り、その実例を通してアグロエコロジーこそ多様かつ生産的でレジリエンス（resilience、災害などの撹乱に対する耐性）のあるシステムへの道筋であることを示してきたのである。

---

*）サパティスタ（EZLN）とは、1994年元日にメキシコのチアパス州で武装蜂起した反政府ゲリラとその支持者のことを指す。反自由主義や先住民族の自治を唱え、世界中のラディカルな社会運動に大きな影響を与えた。

日本語版 序文

　私たちは、『アグロエコロジー入門──理論・実践・政治』が日本語に訳されたことを大変喜ばしく思っている。日本と私たちの関係を述べると、本書に取組み始めたのは、2016年に、当時京都にある総合地球環境学研究所に在籍されていた羽生淳子教授のご好意でご招待いただいた時であった。また、日本には、稲の自然栽培システムなど伝統農業の優れた模範がある。それらは、アグロエコロジーの研究者がアグロエコロジーの生態学的な原理を学ぶのに大いに役立ってきた。本書の執筆にあたり、農家と小農のためのグローバルな運動であるビア・カンペシーナのアグロエコロジー普及活動に大いに励まされてきた。同運動はまた、アグリビジネス企業にアグロエコロジーが取り込まれないよう働きかけている。日本の農民連（農民運動全国連合会）はビア・カンペシーナのメンバーであり、アグロエコロジーの普及にも積極的である。

　私たちは、学生、農家、消費者生協運動、アクティビスト、政策立案者等、日本にいるか否かを問わず、小農や家族農家によるアグロエコロジーを支える方々に本書が資することを願っている。受田千穂・宏之夫妻には本書を訳出してくださったことに、舩田クラーセンさやかさんには「グローバル時代の食と農」シリーズの日本での出版プロジェクトを進めてくださったことに、御礼申し上げる。

　2019年3月

　　　　　　　　　　　　ピーター・ロセット／ミゲル・アルティエリ

アグロエコロジー入門
理論・実践・政治
目　次

【凡例】
・著者による注は注番号を付し各章末に、訳者による注は〔　〕で本文中、
　もしくは＊を付し各頁の下欄に示した。

序章　岐路に立つアグロエコロジー

　ここ何年か「アグロエコロジー」は、農業技術に関する論争で用いられる語になってきた。とはいえ、誰が語るのかによってその正確な意味は大きく異なる。否定しようとする者もいるだろうが、アグロエコロジーは、その技術的、生物学的な性質と切っても切り離せない政治的要素を強く持っている。論争の性格自体が、この物議をかもす分野の科学と政治をまとめた書物を著す絶好の機会であることを示している。

　論者によって違いはみられるが、アグロエコロジーは、農業生態系の働きを研究し説明しようする科学として知られ、そこでは主に、生物学的、生物理学的、生態学的（エコロジカルな）、社会的、文化的、経済的、政治的なメカニズムや機能、関係性、デザインを対象とする。それはまた、危険な化学物質を使わず農業をより持続可能なものにしようとする一連の実践としても知られる。さらに、農業をより生態学的に持続可能で社会的により公正なものにすることを追求する運動としても知られる［Wezel, Bellon, Doré et al. 2009］。グローバルな企業による食のシステムは、その大部分が持続不可能な工業的農業に基づいており、温室効果ガス排出の原因となっている。そして、一握りの大企業に支配され、ますます体に悪い食べ物を生産している［Lappé, Collins and Rosset 1998; Patel 2007; ETC Group 2009, 2014］。アグロエコロジーは、そうしたシステムを転換する様々な糸口を提供するものである。しかしながら、何十年もの間、「アグロエコロジスト」と我々が呼ぶところのアグロエコロジーの研究者、その他の学者、NGO、環境に配慮した農家、小農やアクティビストは支配層（the establishment）によって無視されたり蔑まれたり、夢想家、伝道者、過激派、ペテン師またはそれ以下の者とレッテルを貼られてきた［Giraldo and Rosset 2016, 2017］。

　しかしながら、その状況は劇的に変化しつつある。主要な大学、研究所、民

間企業、政府機関、国際機関等が、アグロエコロジーを突如「発見」し、温室効果ガス、気候変動、土壌浸食、収量の減少といったグローバルな食のシステムの差し迫った問題を解決する手立てとなり得ると語り始めたのである。これらの機関が提唱するアグロエコロジーは「気候変動対応型（climate smart）農業」[Delvaux, Ghani, Bondi and Durbin 2014; Pimbert 2015] や「持続可能な集約化」[Scoones 2014] など聞こえのいい用語が掲げられることが多く、技術的にも政治的にも元々の提唱者の説くアグロエコロジーとは全く異なる傾向があり[Carroll, Vandermeer and Rosset 1990; Altieri 1995; Gliessman 1998]、アグロエコロジーとは実のところ何を意味するのかという論争が繰り広げられることになった。

　2014年9月18日から19日にかけて、イタリアのローマにおいて、国連食糧農業機関（FAO）の最初のアグロエコロジーに関する公式の会議が開催された。食料の安全保障と栄養のためのアグロエコロジーに関する国際シンポジウムには、大学教授、研究者、民間部門、政府関係者、市民社会組織と社会運動のリーダー等50人以上の専門家の話を聴きに、およそ400人が参加した。「今日、30年もの間、緑の革命の大聖堂にあった窓が開かれた」と、ジョセ・グラジアノ・ダ・シルバ FAO 事務局長はシンポジウム閉会の辞で述べた[1]。「アグロエコロジーは科学としても政策としても発展し続ける。それは、気候変動に対応しつつ飢餓と栄養失調に終止符を打つという挑戦に応えるアプローチである」。さらに事務局長は、世界が直面する問題は深刻であり私たちはあらゆる可能性を探らねばならないとつけ加えつつ、「アグロエコロジーは、GMO（遺伝子組み換え作物）の利用や化学物質の使用削減などとともに、有望な選択肢である」と述べている [FAO 2015]。これは、世銀やモンサントの立場と共鳴するものである。これに対し、アグロエコロジストは猛反発した。彼らは普通、GMO とアグロエコロジーは相容れないものであり共存できないと主張するからである [Altieri and Rosset 1999a, b; Altieri 2005; Rosset 2005]。

　アグロエコロジーをめぐる新たな論争が上層のレベルに達していることを示すのだが、閉会の円卓討論会では、フランス、セネガル、アルジェリア、コスタリカ、日本、ブラジルおよび EU の農業大臣から意見が出されている。その一方で、論争を呼ぶアグロエコロジーの性格を照らし出すように、FAO アメリカ代表は会議の開催そのものを阻止しようとしていた。結局は開催を認めるのだが、それは、会議の内容が「政治的ではなく技術的であること」、および貿易政策や GMO、社会運動の推進する「食の主権」にかかわるセッションは

設けないことという FAO との合意に基づいていたのである。

　この画期的な催しにおいて、アグロエコロジーが現在のところ2つの陣営に大きく分けられることが明らかになった。体制側の陣営（institutional camp）にとって、アグロエコロジーとは基本的に工業的な食料生産のための追加的な手段の集合に過ぎない。だが、そうした食料生産は温室効果ガス排出の原因として非難されており、また、土壌、水、機能的生物多様性等の生産資源に引き起こされる環境劣化ゆえに、生産性の減退と生産費用の上昇に直面している。この陣営はアグロエコロジー的な道具を自分たちの「支配的モデル」を少しばかり持続可能にする手段とみなしており、背後にある権力関係にも大規模なモノカルチャー構造にも挑戦することはない。これに対し、もう一方の陣営は、多くの科学者、アクティビスト、環境に配慮した農家、NGO や社会運動からなるのだが、アグロエコロジーを工業的な食料生産のオルタナティブであり、さらに食をめぐるシステムを人間と環境にとってより良いものに転換させる梃とみなしている［IPC 2015］。

　このようにアグロエコロジーは岐路に立たされている。自覚的に努力しなければ、主流派に取り込まれかねない。ガンジーが言ったとされる言葉を引用してみたい。「連中は最初に君たちを無視する、次にあざ笑う、そのあとで喧嘩をしかけ、さらには取り込もうとする。最後には君たちの考えを自分たちのものにする。都合のいいように換骨奪胎して、自分たちの手柄にするのである」。アグロエコロジーはまさにこの過程を踏んできた。無視され、嘲笑され、喧嘩を仕掛けられる段階を経て、急速に取り込まれる危機に瀕している。アグロエコロジーを取り込もうとする側はその政治的要素を否定する一方で、アグロエコロジーを推進する側はそれが政治的であらざるを得ないことを常に強調してきた。

　このことは先述の FAO の会議からわずか5カ月後に明らかになった。西アフリカのマリ、ニエレニにおいて2月24日から27日の間、グローバルな小農の連帯組織であるビア・カンペシーナを軸に社会運動家が集まって、自分たちでアグロエコロジーに関する国際フォーラムを開催したのである［IPC 2015］。その意図は、変革に向けたアグロエコロジーのビジョンを共有することにより、取り込まれてしまう脅威に対処し、かつ（農家、労働者、先住民族、遊牧民、漁民、消費者、都市貧困層等の）違いを超えて協働すること、アグロエコロジーをこれからも守り「下から」築いていくことにあった。会合の宣言は次のように述べ

ている。「アグロエコロジーは政治的である。すなわち、それは社会の権力構造に挑戦し変革することを我々に要請する。我々は、種子、生物多様性、土地とテリトリー、水源、知識、文化とコモンズ*) を世界を養う人びとの手に託する必要がある」[IPC 2015]。

　彼らはアグロエコロジーについて、FAO のシンポジウムでみられた体制側の見解とは全く異なるビジョンを提示した。

　　いわゆる緑と青の革命**) をその中に含む工業的な食料生産によって、食のシステムおよび農村世界における物的基盤は荒廃してしまった。アグロエコロジーはそれをいかに転換し修復していくかの答えをなす。我々は、アグロエコロジーを生命よりも利益を優先する経済システムへの重要な抵抗の形態とみなしている。……気候や栄養失調等の危機を脱する本当の解決とは、工業的なモデルに合わせることから生まれるものではないだろう。それを転換し、農村と都市の新たな結び付きを生み出す我々自身の地域に根差した食のシステムを築かねばならない。農村と都市との新たな関係性は、小農や漁撈民、牧畜民、先住民族、都市農家等による真のアグロエコロジー的な食料生産に基づくものである。我々は、アグロエコロジーが工業的な食料生産モデルの道具の1つになることを認めるわけにはいかない。つまり我々は、アグロエコロジーが同モデルにとって代わるもの、食料を生産し消費するという営みを人類と母なる大地にとってよりよいものへと変革する手段とみなしているからである [IPC 2015]。

　アグロエコロジーが上部の組織からも下からの運動においてもますます注目を浴びるようになったことを受け、大学がアグロエコロジーのカリキュラムを組む、政府がアグロエコロジーにかかわる部局やプログラム、政策を創設するなど、ブームのような状況にある。問題は、それらがどちらのアグロエコロジー観に依拠しているかである。どちらが研究費や農業生産への融資を得るの

---

*) コモンズは共有資源とも訳されるが、資源のみではなく、共有財産を含むより広い概念を表す。

**) 青の革命とは、技術革新的な水資源管理全般を指す場合もあるが、緑の革命と関連づけて使われる際には、より具体的に、近代技術によってもたらされた多投入・多産出型の水産業の趨勢を指し、集約的な養殖・栽培漁業などがこれに該当する。

か。これらの融資を手に入れるのは食料システムを牛耳る巨大企業なのか小農／家族農家なのか。誰にとっても食がより健康的になるようにシステムが転換されるのか。そうではなく、気候変動についての口だけの「グリーンウォッシング」（自然に優しくしているとのまやかし）だったり、より体に良い食べ物を欲し手に入れることのできる豊かな消費者を対象とするニッチマーケットへの多国籍企業による有機加工食品の生産だったりと、従来と変わることのないビジネスモデルが続くのか。

　このように本書を著すのは時宜にかなっている。本書は以下のように構成されている。第1章ではアグロエコロジーの科学的根拠を、第2章ではその歴史を概観する。第3章では、アグロエコロジーの原理に基づく食料生産はより生産的であり、費用を削減し、環境への悪影響を減らし、農業の長期的な持続可能性を高めることを示した数多くの先行研究を紹介する。第4章では、アグロエコロジーをテリトリーのレベルで展開するための社会的、組織的基礎を検討する。そして最後に第5章で、上記の岐路に焦点を当てつつ、アグロエコロジーの政治的な次元を掘り下げる。あらかじめ断っておきたいが、アグロエコロジーの科学的、技術的な原理は生産規模の大小を問わず当てはまる［Altieri and Rosset 1996］といえ、本シリーズの趣旨と紙数の制約から、扱う範囲を小規模な農家にとどめる。また、大企業の支配する工業的な食のシステムや緑の革命に対する批判も十分に展開されてはいない。それらに対する批判については他によい文献がある（特に、Lappé at al. 1998; Patel 2007, 2013; ETC Group 2009）。

●原註

1)「緑の革命」とは、大まかにいえば、ハイブリッド種子、化学肥料と農薬のような「近代的な」工業的農業技術の束を指す。それらの多くは、とりわけ1960年代から70年代にかけてアメリカから第三世界の農業に「輸出」され、社会的分化や農業生態系の生産許容量の喪失など多くの悪影響をもたらした［Patel 2013］。その期間に食料生産は見かけ上は急増したが、一握りの作物と少数の生産者に限定されており、不運にも同時に世界の飢餓も増加するという結果に終わった。アグロエコロジーは緑の革命の欠点を補う主たるオルタナティブとしてしばしば提示されてきた。

参考文献

Altieri, M.A. 1995. *Agroecology: The Science of Sustainable Agriculture*. Boulder, CO: Westview Press.

___. 2005. "The myth of coexistence: Why transgenic crops are not compatible with agroecologically based systems of production." *Bulletin of Science, Technology & Society*, 25, 4: 361–371.

Altieri, M.A., and P. Rosset. 1996. "Agroecology and the conversion of lárge-scale conventional systems to sustainable management." *International Journal of Environmental Studies*, 50, 3–4: 165–185.

___. 1999a. "Ten reasons why biotechnology will not ensure food security, protect the environment and reduce poverty in the developing world." *AgBioForum*, 2, 3/4:155–162.

___. 1999b. "Strengthening the case for why biotechnology will not help the developing world: A response to MacGloughlin." *AgBioForum* 2, 3/4: 226–236.

Carroll, C.R., J.H. Vandermeer and P.M. Rosset. 1990. Agroecology. New York: McGraw-Hill.

Delvaux, François, Meera Ghani, Giulia Bondi and Kate Durbin. 2014. *"Climate-Smart Agriculture": The Emperor's New Clothes?* Brussels: CIDSE.

ETC Group. 2009. "Who will feed us? Questions for the food and climate crisis." ETC Group Comunique #102.

___. 2014. *With Climate Chaos, Who Will Feed Us? The Industrial Food Chain or the Peasant Food Web?* Ottawa: ETC Group.

FAO (Food and Agriculture Organization of the U.N.). 2014. "International Symposium on Agroecology for Food Security and Nutrition." <http://www.fao.org/about/meetings/afns/en/>.

___. 2015. *Final Report for the International Symposium on Agroecology for Food Security and Nutrition.* Roma: FAO.

Giraldo, O.F., and P.M. Rosset. 2016. "La agroecología en una encrucijada: entre la institucionalidad y los movimientos sociales." *Guaju*, 2, 1: 14–37.

___. 2017. "Agroecology as a territory in dispute: Between institutionality and social movements." *Journal of Peasant Studies*. [online] DOI: 10.1080/03066150.2017.1353496.

Gliessman, S.R. 1998. *Agroecology: Ecological Processes in Sustainable Agriculture*. Chelsea, MI: Ann Arbor Press.

IPC (International Planning Committee for Food Sovereignty). 2015. "Report of the International Forum for Agroecology, Nyéléni, Mali, 24-27 February 2015." <http://www.foodsovereignty.org/wp-content/uploads/2015/10/NYELENI-2015-ENGLISH-FINAL-WEB.pdf>.

Lappé, F.M., J. Collins and P. Rosset. 1998. *World Hunger: Twelve Myths, second edition*. New York: Grove Press.

Patel, Raj. 2007. *Stuffed and Starved: Markets, Power and the Hidden Battle for the World Food System*. London: Portobello Books.

___. 2013. "The long green revolution." *Journal of Peasant Studies*, 40, 1: 1–63.

Pimbert, M. 2015. "Agroecology as an alternative vision to conventional development and climate-smart agriculture." *Development*, 58, 2–3: 286–298.

Rosset, P.M. 2005. "Transgenic crops to address Third World hunger? A critical analysis." *Bulletin of Science, Technology & Society*, 25, 4:306–313.

Scoones, Ian. 2014. "Sustainable intensification: A new buzzword to feed the world?" Zimbabweland. <https://zimbabweland.wordpress.com/2014/06/16/sustainable-intensification-a-new-buzzword-

to-feed-the-world/>.

Wezel, A., S. Bellon, T. Doré, et al. 2009. "Agroecology as a science, a movement, and a practice."
　Agronomy for Sustainable Development, 29, 4: 503–515. <http://dx.doi.org/10.1051/agro/2009004>.

広島県の有機農家。主要作物（この時期はジャガイモ）の畝間に草を育て、次に植える作物はその草を緑肥としてすき込んだ場所に育てられる［ミゲル・アルティエリ提供］

アグロエコロジーの戦略の一例。一列をアリッサムに変え、害虫（アブラムシ）の天敵である益虫（ハナアブ）を引き寄せる。殺虫剤は不要［ミゲル・アルティエリ提供］

境界の花が益虫を引き寄せ、害虫を予防［ミゲル・アルティエリ提供］

第1章

アグロエコロジーの原理

　アグロエコロジーの真の起源は、開発途上国の多くで依然として広くみられる先住民族や小農の行う農業の生態学的な合理性にある[Altieri 1995]。アグロエコロジスト[1]にとって、新たな農業システムのための出発点となるのは、何世紀にもわたり農家が発展ないし受け継いできた農的営みそのものである[Altieri 2004]。そのような複雑なファーミングシステムは、ローカルな条件に適応しつつ、小規模農家が厳しい環境を持続的に管理し、機械化や化学肥料、殺虫剤や他の近代的農業科学技術に頼ることなく生活を維持するのを助けてきた[Denevan 1995]。自然に関する入り組んだ知識に導かれ、伝統的な農家は生物学的にも遺伝子的にも多様な小規模農業を育んできたのだが、その頑健さと内在するレジリエンスのおかげで、急激に変化する気候、病虫害、より近年ではグローバリゼーション、技術の浸透や他の近代的な趨勢にも適応してきたのである[Toledo and Barrera 2009; Ford and Nigh 2015]。これらのシステムの多くは崩壊したり消滅してきたものの、高畝耕作（raised fields）、棚田、混作（polyculture）、アグロフォレストリー（森林農業）システム、合鴨農法と養魚を組み合わせた複合生産など、数百万 ha の農地が古くから存在する伝統的な手法でしっかりと管理されていることは、土着の農業戦略の成功の記録であり、伝統的な農家の「創造性」の証である。これらの小宇宙は、新たな農業にとって有望なモデルとなる知的遺産である。というのも、それは生物多様性を促し、外部からの投入（財）（inputs）なしに生き永らえ、さらに気候変動の中でも年間を通して収量を維持するからである。

　西欧の科学者の中には、土着の土地利用法の価値、さらには気候変動への適応・緩和と都市への水、食料とエネルギーの供給においてそれが果たす重要な役割を認めるようになった者もいる[De Walt 1994]。多くのアグロエコロジストは、土着の知の体系は複雑であり、急を要する危機への迅速な対応を可能に

すると主張する。また、彼らは生態系の急速な衰退と気候変動の時代に人類が必要とする農業の新たなモデルを喚起する。複雑な生態系のモデルに基く持続可能性やレジリエンス等、伝統的な農業生態系の長所は、アグロエコロジストが多様な農業生態系のメカニズムを理解し、新たな農業生態系をデザイン（設計）するにあたって鍵となる原則を引き出すための豊かな源泉となっているのである。

　アグロエコロジーは、土壌や植物等に関する土着の知の体系を現代の生態学や農業にかかわる科学と結び付ける。知の対話を促し、現代科学とエスノサイエンス（民族科学）を統合することにより、一連の原理が現れる。それが特定の地域に適用される際には、その社会経済的、文化的および環境上の文脈に応じて、異なる技術形態をとる（図1-1）。アグロエコロジーが推進するのは技術のレシピというよりは原理である。それゆえ、投入財よりも農業生産のプロセスを重視する。原理の応用から得られた技術が小規模農家の抱えるニーズと状況に適切であるように、技術を産み出すプロセスは参加型ないし農民主導の研究プロセスから生じるのが理想である。そうした研究では、農家は研究者とともに、問いの設定とフィールド調査のデザイン、実施と評価とに参加することが求められる。

図1-1　アグロエコロジーの原理

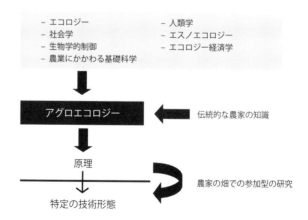

1　伝統的ファーミングシステムのアグロエコロジー的な特徴

　伝統的なファーミングシステムは何世紀にもわたる文化的および生物学的な共進化の下で形成されてきた。それは、外部からの投入や資本、いわゆる科学知識といったものにアクセスすることなく小農が環境との相互作用の中で蓄積してきた経験を表している。自分自身による発明、経験に裏打ちされた知識、および地元の利用可能な資源を活用しつつ、小農は、時間的にも空間的にも多様な作物と樹木、動物をうまく配置し、育成することに基づいたファーミングシステムを発展させてきた。そうしたシステムを通じて小農は、周縁的で変化の激しい環境において、限られた資源と土地しか持たずとも、収穫の安定を図ってきたのである［Wilken 1987］。システムの発展は、観察に基づく知識だけでなく、経験を通じた学習によって導かれてきた。このようなアプローチは、特定の生物学的な制約を克服するための在来種子の選別と育種や新たな耕作法の試みにおいて明白である。大部分の伝統的な農家は、特に地理的、文化的になじみのある圏内にいえるが、自身の周囲について細かいことまでよく知っているものである［Brokenshaw, Warren and Werner 1980］。

　各々が歴史的、地理的な個性を有する無数の農業システムがあるとはいえ、大部分の伝統的な農業生態系は以下の6つの特徴を備えている。

1. 生態系の働きの調整およびローカルかつグローバルな重要性を持つ生態系サービスの供給において鍵となる役割を果たす、高度な生物多様性の存在。
2. 農業生態系の効率性を向上させるために使われる景観、土地、水資源の巧みな管理保全システム。
3. ローカルかつナショナルなレベルでの食の主権と暮らしの安全保障とに幅広い生産物を供する多様化された農業システム。
4. 混乱や（人的、環境上の）変化に対処し、予期できる変化・できない変化に直面してもリスクを最小化するようなレジリエンスと頑健性を示す農業生態系。
5. 伝統的な知識の体系によって培われ、多くの農的イノベーションや技術を特徴とする農業生態系。

6. アグロエコロジー的な管理のための慣習、資源へのアクセスと利益の共有を定めた規範、価値の体系、儀礼などを含む、強固な文化的価値と社会組織の集合形態［Denevan 1995; Koohafkan and Altieri 2010］。

遺伝的多様性

世界中で、小規模農家は約3億5000万にも及ぶ農地（farm）で、200万種を超える作物とおよそ7000種の家畜を育てている［ETC Group 2009］。多くの伝統的な農業生態系は作物多様性の中心に位置し、そこでは変異し順応した在来種（land races）だけでなく近縁の野生種も存在する。野生種の生態学的な広がりは、そこから派生したもしくは関連する作物のそれより大きいこともある。

自然交配と遺伝子撹乱は作物と野生種の間で頻繁に生じ、農家に利用可能な種子の変異と遺伝的多様性を高めることになる［Altieri, Anderson and Merrick 1987］。雑草を残し交雑を促す耕作方法を通して、多くの小農は、作物と野生種の間の遺伝子流動を増やし、食用（例として quelites, arvenses*)）や飼料、緑肥として使用される特定の「雑草」の繁殖を促している。小農の農業生態系におけるこれらの植物の存在は、漸進的な栽培化（domestication）を示しているのかもしれない［Altieri et al. 1987］。

多くの農家は自分たちの畑に多種多様な作物を植え、定期的に隣人と種子交換をする。例えば、アンデス地方の農家は50種ものじゃがいもを栽培している［Brush 1982］。同様にタイやインドネシアの農家は、幅広い環境条件に応じて多様な種類のコメを栽培しており、また隣人と定期的に種子を交換している［Swiderska 2011］。その結果として、遺伝的多様性は病気やその他の生物ストレスに対する耐性を高め、農村居住者はより多様な栄養を摂ることができるようになる［Clawson 1985］。研究者によれば、畑の中の作物の遺伝的多様性を高めると病気の深刻さを削減できるのであり、この方法はいくつかの作物で商業的に活用されている［Zhu et al. 2000］。

作物多様性（Crop Species Diversity）

伝統的なファーミングシステムの際立った特徴は、混作ないし複作（polycultures.intercropping, companion planting と呼ばれることもある）、アグロフォレス

*) スペイン語で「食用野草」の意味。

トリーという形で高い植物多様性を保っていることである。混作とは、同じ農地に同時に二つ以上の作物を栽培するという空間上の作物多様化システムを意味する [Francis 1986]。長らく試されてきた混作には、複数の一年生作物を空間的、時間的に織り交ぜたものも含まれる。混作では一般にマメ科の植物と穀類が一緒に栽培される。そうすると、別々に栽培する場合よりも生物学的な生産性を高めることができる。というのも、マメ科植物は窒素を土壌に固定できるほか、混作により資源の有効利用を可能にし、かつ害虫への抵抗力が強まるからである [Vandermeer 1989]。アグロフォレストリーは、一年生作物と多年生作物の耕作ないし多年生作物の耕作と家畜の飼育を組み合わせる。時には100種以上の一年生作物と多年生作物が複数の家畜と合わせて栽培されることもある。樹木は有用な産物（建築材、薪、道具、薬、飼料、食料）を供給するだけでなく、しばしば栄養分の浸出と土壌流出とを最小限に抑え、有機物を付加し、主要な栄養分を土壌下層部から吸い上げることで回復させる [Sanchez 1995]。また樹木は、微気候条件を緩衝し、気候変動の結果増えるだろう嵐や干ばつ等の極端な気候から作物や土壌を保護する [Verchot et al. 2007]。複層林における林畜複合経営（樹木と家畜の統合）では、窒素を固定するマメ科植物があることで牧草の生産性と栄養分の循環が改善し、化学的な窒素肥料に頼らずに済むようになる。深く根を張る樹木によって、土壌の深層からの栄養分と水分の吸収が可能になり、また地上と地下での炭素隔離が増えることになった。さらに、農地が樹木で覆われること（tree cover）により、環境が改善され、動物にとってバイオマス（生物量）と栄養分、日陰が増え、ストレスが緩和され、生産性と家畜の健康状態が改善される [Murgueitio et al. 2011]。

　混作システムでは作物同士が非常に近くで植えられる。そうすることで有益な相互作用が生じ、農家も生態系から様々なサービスを享受できる。植物の種類が増えると、土壌の有機物、土壌の構造と保水能力、表土（soil cover）の状態が改善され、土壌の流出や雑草の繁茂を防ぐ。これらはすべて、作物の生産に望ましい条件である。多様な作物を栽培すれば、節足動物の種類が増え、微生物の活動も活性化する。それらを通じて、栄養分が循環するようになり、土壌の肥沃度は増し、虫害も制御される。いくつかの研究が明らかにしたところによると、農地の生物多様性が高まるほど天災からのレジリエンスも高まるのである [Vandermeer et al. 1998; Altieri et al. 2015]。

家畜の統合

　多くの地域では、農作物と家畜を混合させたシステムが小農の農的営みの骨格をなしている。よく統合されたシステムでは、地域に適応した家畜種が役畜として土地を耕す。また、その糞は土地を肥やす一方で、作物の残渣は家畜の重要な飼料となる。このようなシステムで生産される資源（作物の残渣、糞、動力、現金）は、作物生産と家畜飼育の双方に利益をもたらす。それにより農場経営は効率化し、生産性と持続可能性も高まることになる［Powell, Pearson and Hiermaux 2004］。

　稲作農家は多様な魚や鴨を組み込んだ農法を導入している。魚は稲を襲う害虫や成長を抑える雑草、さらには紋枯病に侵された稲の葉を食べるため、農薬の使用を減らすことができる。こうしたシステムでは、稲のみの単作と比較して病虫害の発生率が低い。さらに、魚は水中に酸素を加え、栄養分をかき回すことで、稲にも役立っている。アカウキクサ（azolla[*]）は ha あたり243〜402 kg の窒素を固定し、そのうち17〜29％が稲に利用される。鴨は、カタツムリや雑草に加え、アカウキクサが水面全体を覆い富栄養化の原因となる前にそれを食べる。微生物、昆虫、捕食者と複数の関連する作物からなる複雑で多様な食物連鎖が、生態学的にも社会的、経済的にも農家と地域コミュニティにとって有益な数々のサービスを支えていることは明らかである［Zheng and Deng 1998］。

2　農業生態系における生物多様性の生態学的な役割

　農業生態系における生物多様性には、作物、家畜、魚類、雑草、節足動物、鳥類、コウモリ、現存する微生物などが含まれる。それは、人間による管理、地理的条件、気候と土壌、社会経済的な要因の影響を受ける。作物栽培システムにおいて果たす役割との関連で、農業生態系における生物多様性を分類することができる［Swift and Anderson 1993; Moonen and Barberi 2008］。

　機能的生物多様性とは、生物の多様さおよび生物が農業生態系にもたらすサービスのことを指す。後者のサービスとは、農業生態系が機能し続けるように与えられるもので、環境の変化や他の攪乱への生態系の対応を向上させるものでもある。高水準の機能的生物多様性を有する農業生態系は通常、種類や程

---

[*]　水生のシダ植物

度を問わずショックに対してよりレジリエンスがある［Lin 2011］。一般に、種の数は機能の数を上回っているが、こうした余裕（多重性）は農業生態系に内在するものである。生物多様性は農業生態系の機能を高める。なぜなら、ある時点では使われていないようにみえる構成要素が環境変化により重要となることもあるからである。そのような場合、多重性はシステムが機能し続け、システムが必要とするサービスが供給されることを可能にする［Cabell and Oelofse 2012］。また、種の多様性は、農業生態系の補強能力を高めることにより、環境の変化に起因する失敗への緩衝材となる。すなわち、ある種が適合できなくとも別の種が同じ役割を果たし、コミュニティ全体の対応ないし生態系の特性がより予測可能なものとなる［Lin 2011; Rosset et al. 2011］。農業生態系における生物コミュニティは、より多くの異なる植物種が含まれるほど複雑化する。節足動物や微生物等、地上と地下の食物連鎖を構成する生物の間の相互作用が深まるのである。多様性が増えるにつれて、種の共存と有益な干渉の機会が増え、農業生態系全体の持続性が高まり得る［Malezieux 2012］。多様なシステムは複雑な食物網の構築を促し、必然的にそれを構成する要素の間でより多くの関係性と相互作用を生み出し、多くの代替となるエネルギーと物質的流れを作り出す。このため概して、複雑なコミュニティになるほど生産が安定し、望ましくない生物の個体数の変動幅も抑えられるようになる［Power and Flecker 1996］。その一方で、生態学者は正しくも、多様性が常に生態系の安定を促すわけではないとも論じている［Loreau and Mazancourt 2013］。

　自然の生態系における生物多様性と機能の関係について現在まで分かったこと［Tilman, Reich and Knops 2006］から、人間が農業生態系を空間的に、時間的に様々なスケールでどう管理していくのかの示唆を得ることができる。生物多様性と生態系機能に関する文献によると、生物多様性（もしくは種の豊かさ）それ自体は最も重要な基準ではなく、機能的な生物多様性こそが重要であるとされている。それは、例えば栄養循環の増進や害虫制御といった異なる生態学的機能を果たす種の存在のことを指す［Moonen and Barberi 2008］。他の種よりも生態学的なプロセスに強い影響力を及ぼす種が存在する。農業生態系では、マメ科植物とイネ科植物（機能の異なる2つの植物群）を混作することにより、土壌の肥沃度を高められることは広く知られている。両者が土壌の窒素をめぐり競合することにより、マメの窒素固定力が増すのである。このように、質の高い農業生態系基盤（マトリクス）をデザインするには、農業生態系により多くの種

を加えればいいというものではない。生物同士の相互作用を理解し、多岐にわたる機能を最適に利用できるよう管理することが必要となる［Loreau et al. 2001］。

　生物多様性を介した相互作用を実際の農業に生かすためには、以下の3つのアプローチを通した農業生態系のデザイン・管理戦略により、機能的生物多様性を最適化することが求められる［Hainzelin 2013］。

1. 空間的にも時間的にも異なるスケールで地上の生物多様性を増大させる。そうすることで、外部からの投入なしで収穫されるバイオマス（食料、繊維、エネルギー等）の生産を増やしつつ、栄養分と水の生物学的循環を促進できるようになる。この戦略は、樹冠構成（canopy）と根の補完性を考慮しながら、一年生の植物と多年生の植物を組み合わせた計画を必要とする。それが実現すれば、捕食者や受粉媒介（送粉）者のような有益な生物相を宿しつつ、太陽放射の吸収、保水および栄養分の摂取を最大化できるだろう。

2. 時間的、空間的に作物の多様化を図る。多様化を図る目的は、害虫の生物学的制御を改善させ、雑草を抑えるために他感作用*）（allelopathic effects）を促し、さらには天敵を誘導して土壌由来の病原体を減らすことにより、殺虫剤に頼ることなく収穫作物のバイオマスの損失を抑えることにある。

3. 土壌の有機物管理を通じて地下の機能的生物多様性を刺激する。それにより、土壌の生物地球化学的な循環が拡がり、深層の栄養分が再循環し、さらに化学肥料なしで作物が養分を摂取し健全に育つよう有益な微生物の活動が促進される。

　このように農業生態系の最適な振る舞いは、機能的に多様な生物相における様々な生物間での相互作用の程度に左右される。相互作用が大きければ、相乗効果が働き、農業生態系は活性化する。鍵となるのは、生態学的なサービスを実現するために維持または向上させることが望ましい生物多様性の種類を明らかにすることであり、続いて望ましい生物多様性の構成要素を後押しするような最善のやり方（best practice）を決定することである［図1-2、Altieri and Nicholls

---

*）特定の植物が放出する物質が同種あるいは異種の植物に及ぼす作用のことを指す。

図1-2　生物多様性を構成する要素の機能とその改善のための戦略

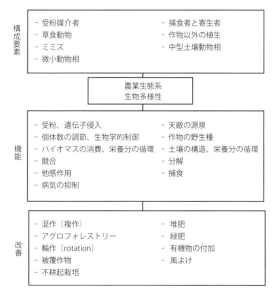

構成要素
- 受粉媒介者
- 草食動物
- ミミズ
- 微小動物相
- 捕食者と寄生者
- 作物以外の植生
- 中型土壌動物相

農業生態系
生物多様性

機能
- 受粉、遺伝子侵入
- 個体数の調節、生物学的制御
- バイオマスの消費、栄養分の循環
- 競合
- 他感作用
- 病気の抑制
- 天敵の源泉
- 作物の野生種
- 土壌の構造、栄養分の循環
- 分解
- 捕食

改善
- 混作（複作）
- アグロフォレストリー
- 輪作（rotation）
- 被覆作物
- 不耕起栽培
- 堆肥
- 緑肥
- 有機物の付加
- 風よけ

2004]。

3　生態系のマトリクス

　小農が営む農業は、多くの場合、天然林や二次林の中に組み込まれた区画を含んでいる。そこでは農業生態系の生物多様性の多寡はかなりの部分、周辺の景観によって決められている［Perfecto, Vandermeer and Wright 2009］。多くの伝統的な農村コミュニティにおいて、景観のレベルでは、作物の生産単位と周囲の生態系はしばしば１つの農業生態系に統合されている。多くの小農は、自分たちの土地の内部あるいは隣接地で自然の生態系（森林、丘陵、湖沼、草地、小川、湿地等）を利用し、維持保全している。そうした生態系は、食料補充源であるほか、建築資材、薬、有機肥料や燃料として役立つ、宗教儀礼にも用いられる等、貴重な役割を担っている。多くの農村居住者が行っている植物の採集は、とりわけ農閑期にいえるのだが、集められた野生植物が重要な栄養源となるあるいは家内工業の原料として利用されるなど、経済的にも生態学の観点からも根拠があるのである。野生植物の生態系はこのほかにも、野生生物の住処、農作物の害虫の天敵、有機肥料となる腐葉土、マルチングの材料など、多岐

にわたる生態系サービスを小農に提供している［Wilken 1987; Altieri, Anderson and Medrrick 1987］。

　自然のよく残る隣接地から管理された農地への波及効果によって、昆虫の多様性や食物連鎖の相互作用は多大な影響を受ける可能性がある。耕地周辺の植物は、耕地にくる害虫の天敵の数と影響力を増やすことに貢献しているという明らかなエビデンス（根拠）がある。益虫にとって、農地周辺の生息地は、代替宿主、獲物、食料と水、隠れ家、好ましい微気候、越冬地、番<ruby>い<rt>つが</rt></ruby>（パートナー）、殺虫剤からの避難場所等、農地にいれば得ることのできない資源を提供するかもしれない［Bianchi, Booij and Tscharntke 2006］。もちろん、境界域にある雑草が害虫の温床となる可能性にも注意する必要がある。残念なことに、農業の集約化により、生息環境の多様性は顕著に失われ、それは一般的な生物多様性にも大きな影響を及ぼしてきた。実際、モノカルチャー（単一作物栽培、単作）の進展は、農業の景観および生態系のサービスをグローバルな規模で変えつつある。例えば、アメリカの中西部4州では、バイオ燃料ブームに牽引されたトウモロコシ栽培の拡大によって、景観の多様性は減り、大豆畑への害虫の天敵の供給も減ることになった。生物制御サービスは24％減少した。そのようなサービスの減少のため、これらの州の大豆農家は、収量の減少と殺虫剤の使用増によって年あたり5800万ドルの損失を被っていると推定されている［Landis et al. 2008］。

　景観の多様性を回復することによって、農業生態系における虫害の生物学的制御を向上させることができる。例えば、一年生のアブラナ畑に隣接した長らく耕作されていない細長い土地の存在によって、主要害虫への寄生は3倍に増える［Tschanrke et al. 2007］。ハワイでは、さとうきび畑の境界に蜜源植物があることにより、さとうきびゾウムシの寄生虫（*Lixophaga sphenophori*）の個体数が増え、その効果が増した［Topham and Beardsley 1975］。同じ研究者によれば、さとうきび畑内で寄生虫が効果的に動ける範囲は蜜源から45〜60m以内に限られる。またカリフォルニアでは、農家によって、ブドウ畑に有害なヨコバイの捕食寄生者であるホソバネヤドリコバチ（*Anagrus epos*）の避難場としてプルーン果樹の効果が試された。研究者によると、効果は風下の数畝のブドウに限られており、プルーン果樹から離れるほど寄生バチの数は減少した［Corbett and Rosenheim 1996］。これらの発見は、自然の天敵の住処として隣接する植物を利用することの大きな限界を示している。というのも、捕食者や捕食

寄生者の移植は一般に畑の外縁部に限られ、農場の中心部にある作物は生物学的制御による保護を受けないようにみえるからである。この限界を克服するため、Nicholls, Parrella and Altieri（2001）は畑の中に植物の回廊を作ることによって、益虫が、隣接する生息地や避難先の「通常の影響範囲」を越えて行動範囲を広げるかどうかを検証した。その結果は、ブドウ園内を横断する回廊があれば、天敵が河辺林から（回廊の部分を除いて）ブドウしか植えられていない園内の広い範囲に拡散し得ることを示唆するものであった。そのような回廊は、地域の環境に適応し継続的に開花する複数の植物種からなり、作物の生育期間を通して多様性豊かな捕食者や捕食寄生者を引き寄せ、住処を提供する。このように、これらの回廊により、多様な作物畑と残された河畔林的な環境とが結び付き、農場の境界部分を超えて、多種類の益虫が農場全体に広がることを可能にするネットワークが形成され得るのである。

4　多様化したファーミングシステムデザインのための原則

　アグロエコロジストの重要な目標の一つは、伝統的農業にみられるような望ましい自然のプロセスや生物学的相互作用を向上させる生態学的なメカニズムを利用しつつ、作物、動物、樹木を新しい空間／時間の枠組みに配置することである。このように多様化されたデザインによって、農家は自らの土壌の肥沃度、作物の健康状態と生産性を改善していくことが可能になる［Vandermeer et al. 1998］。相乗効果の期待されるコンパニオン植物を無作為に加えるだけで生態系が維持されるものではない。アグロエコロジストが推進する組み合わせの大部分は、何百年とは言わないまでも何十年もの間、農家によって試されてきたものであり、農家がそれらを維持してきたのはそうしたシステムが農場レベルでの生産性、レジリエンス、農業生態系の健全さと暮らしとを調和させるからである。アグロエコロジストは、多様化された農業生態系のデザインと管理のため、確立された生態学的な原理を用いる。そこでは、外的投入は自然土壌の肥沃度、他感作用や生物学的制御のような自然のプロセスによって置き換えられる（表1-1）。原理は特定の場で適用されると、農家の身近な社会経済的ニーズ、生物物理学的な条件および手元にある資源等に応じて、異なる技術形態や実践となって現れる。ひとたび適用されれば、実践は生態的相互作用を生み出し、農業生態系の機能（栄養分の循環、害虫制御、生産性等）にとって鍵となるプ

ロセスが起動される（図1-3）。各々のプロセスは1つないし2つ以上の原理と結び付いており、プロセスを通じてそれらの原理が発現することにより、農業生態系は機能するようになる（表1-2）。

図1-3　農業生態系の働き

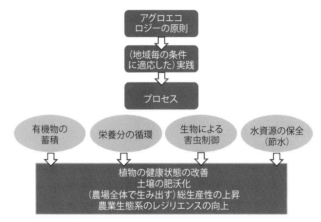

出所：Nicholls, Altieri and Vazquez (2016)

表1-1　アグロエコロジーの諸原理

1. 有機物の分解と栄養分の循環を最適化するため、バイオマスの再利用を促す。
2. 適切な生育環境を創り出し、機能的生物多様性（天敵や拮抗微生物など）を高めることを通じて、農業システムの「免疫系」を強化する。
3. 特に有機物の管理と土壌生物の活動促進によって、植物の成長のために最も望ましい土壌条件を整える。
4. 土壌と水資源の保全と再生および農業生物多様性の改善により、エネルギー、水、栄養分と遺伝資源の喪失を最小化する。
5. 農場および景観のレベルで、時間の観点からも空間の観点からも、農業生態系における種と遺伝資源とを多様化する。
6. 農業生物多様性の構成要素の間での有益な生物学的相互作用と相乗効果を高めることにより、鍵となる生態系サービスとプロセスとを促進する。

出所：Altieri (1995)

表1-2　アグロエコロジー的な実践（運用）と原理との対応

実践手法	寄与する原理*					
	1	2	3	4	5	6
堆肥	×		×			
被覆作物／緑肥	×	×	×	×	×	×
マルチング	×		×			
輪作	×		×	×	×	
微生物／生物学的虫害制御		×				
虫媒花		×			×	×
生け垣		×	×		×	×
混作（複作）	×	×	×	×	×	×
アグロフォレストリー	×	×	×	×	×	×
有畜複合	×		×	×	×	×

出所：Nicholls, Altieri and Vazquez (2016)
*数字は表1-1に示される原理を指す。

　アグロエコロジーの鍵となる原則は、農業生態系の多様化であり、農場内に限らず、周辺の景観レベルにおける異種性も支持する。この原理は、以下のような観察とエビデンスに基づいている：(a) 農業生態系が単純なものに変えられると、機能的な生物集団の全体が取り除かれ、システムの機能はより望ましくない状態へと移り、変化への対応力や生態系サービスを生み出す能力に影響を及ぼす、(b) 農業生態系の植物多様性が高いほど、それが病虫害や降水量と気温の変動を緩衝する能力が高まる［Loreau et al. 2001］。

　多様化は農場のレベル（異なる種の栽培、輪作、混作、アグロフォレストリー、有畜複合など）や景観のレベル（生け垣や回廊など）等、様々な形で起こり、農家に時間上、空間上の幅広い選択肢と組み合わせとを提供している（表1-3）。生態学的な特性は、土壌の肥沃度、作物の生産および害虫の制御を維持するように機能する多様化された農業生態系において現れる。うまくデザインされた生物的に多様な農場では、アグロエコロジーの原理が最適な形で適用され、土壌の質、植物の健康、作物の生産性およびシステムのレジリエンスの礎をなす農業生態系の機能的生物多様性を高める［Nicholls, Altieri, and Vazquez 2016］。

　先行研究の示すところによると、多様化された農業生態系は多くのモノカルチャーでみられる収量の長期的な逓減傾向を逆転させる可能性がある。という

のも、時間的にも空間的にも計画的に配置された多様な作物が、外的なショックに対して異なる反応をするからである。あるレビュー論文では、慣行的なモノカルチャーの場合と比べ、多様化されたファーミングシステムでは、生物多様性、土壌の質および表土の保水機能の顕著な改善がみられ、かつエネルギーの利用効率と気候変動への耐性が向上することも確認された。慣行的なモノカルチャーと比べ多様化されたファーミングシステムでは、雑草と病虫害もより制御されるようになり、受粉も促される［Kremen and Miles 2012］。

表1-3　時間的次元と空間的次元における戦略

輪作
マメ類と穀類を交互に植える。そうすることで栄養分が保持され、次の季節へと引き継がれる。また、害虫と病気、雑草のライフサイクルが中断される。
混作（複作）
空間的に近い範囲内に2種類以上の作物を植える。その結果として、生物学的な補完性の働きで栄養分の利用と害虫の制御が改善し、作物の収量が安定化する。
アグロフォレストリー（森林農業）
一年生作物と一緒に樹木を育てる。それにより、微気候が穏やかになることに加え、樹木のおかげで窒素の固定と深い層位からの栄養分の摂取が促されることにより、土壌の肥沃度が維持・改善される。また、樹木から出た腐葉土は土壌の栄養分となり、有機物を維持し、複雑な土壌の食物連鎖を支える。
被覆作物とマルチング
イネ科とマメ科の植物を単体であるいは混ぜて、例えば果樹の下で、畑を覆う。それを通じて、土壌流出の減少と栄養分の改善が可能となり、害虫の生物学的制御も促される。環境保全型農業では刈り取った被覆作物を表土の上に置くが、そうすることで土壌の流出が減り、土壌の水分と温度の変動が小さくなり、土壌の質が改善され、雑草が抑えられ、結果的に作物のパフォーマンスが良くなる。
有畜複合
作物の栽培と家畜の飼育を組み合わせることを通じて、高いバイオマスの産出と最適な栄養分の再利用を達成することができる。高密度に植えられた飼料用低木、牧草と樹木とを統合した動物生産のシステムであり、外部から肥料や飼料を入手することなく高い生産性を達成する。

出所：Altieri (1995); Gliessman (1998)

　アグロエコロジー的なシステムは、各地域の現状に合わせて原理が適用されるようにデザインされている。例えば、ある地域では土壌の肥沃度はミミズ堆肥によって高めることができるが、他の地域では緑肥がいいというように。ど

の手段を選ぶかは、地域の資源、労働力、家族の状況、農場の大きさと土壌の種類といった要因次第である。これは、特に先進国でよくみられる商業的な有機農業とは全く異なる。そこでは、料理のレシピのように、有害な投入財がより毒性の少ない投入財で置き換えられる。新しい投入財は、認証リストから選ばれ、おおむね農場外で購入される。この「投入の代替」は、外部の投入財市場への依存も、モノカルチャーの抱える生態的、社会的、経済的な脆弱性をも変えることはない［Rosset and Altieri 1997］。

　投入財の代替と比べ、「アグロエコロジー的な統合」は農業生態系の機能的生物多様化を通じて達成される。そこでは、外部からの投入は極力抑えられる［Rosset et al. 2011］。例えば、害虫は慣行の化学殺虫剤あるいは有機認証を受けた生物学的殺虫剤に頼るのではなく、混作によって制御されるだろう。土壌の肥沃度は、化学肥料あるいは農場外で購入された有機の代替物、例えば市場で買える堆肥や糞、その他有機肥料などよりもむしろ、作物の残渣の一部をミミズ堆肥の材料に、残りを家畜の餌とし、できた堆肥を継続的に土壌に与え、家畜の糞は肥料として利用し、さらに窒素を固定するマメ科植物をほかの作物との間に植える、そのような組み合わせを通じて土壌生物が活性化することにより、維持されるだろう［Rosset et al. 2011; Machín Sosa et al. 2013］。こうした農業生態系は、極度に劣化した土壌でさえも回復させることが示されてきた［Holt-Giménez 2006］。

　農場のアグロエコロジー的な統合度には大から小まで幅がある。工業的なモノカルチャーのアグロエコロジー的な統合度は、無視し得るほど小さい。投入財の代替されたモノカルチャー的な有機農場の場合、アグロエコロジー的な統合度は低い。最も統合の度合いが高くなるのは、小農による、ほぼ自律的で複雑なアグロフォレストリー体系であり、そこには多種の一年生作物や樹木が植わり、動物が飼われ、輪作がなされ、養殖用の池もあるかもしれない。その場合、池の底に溜まる泥も補足の肥料として利用されるだろう。高いアグロエコロジー的な統合により、システムの構成要素間に強力な相乗効果が生じる。そのことにより、農場外からの資材投入を減らしたり無くしたりしても、単位面積あたりの総生産を大きく増やすことが可能で、生産単位当たりの労働投入も比較的小さいことが多い［Rosset et al. 2011］。しかしながら、一般的なパターンを捉えるためには、より多くの研究を行い、（構成要素がどう影響し合うという）複雑系の生態学を理解する必要がある。

表1-4　農業への異なるアプローチの長所と短所

観点	慣行農業	アグロエコロジー
肥料や農薬などの投入（財）	効力あり	弱い
相乗作用	なし	強力
劣化土壌を回復する能力	なし（しかも問題を糊塗するため、投入財を増量し続ける）	高い

出所：Rosset et al. (2011)

　農場の外で入手する代替的な投入財を過度に強調すると、いわゆる持続可能な農業を工業的な慣行農業に対してしばしば劣勢に立たせることになる。というのも、そうした代替物は慣行農法で利用される投入財よりも効き目が弱いからである（例えば、化学農薬には即効性があるが生物農薬は遅効的である）。このことは表1-4にまとめてある。これが、より富裕な国々で有機農業が一貫して慣行農業の収量を上回ることのない一方で、途上国では慣行のモノカルチャー農業よりも小農によるアグロエコロジー的なシステムの方が平均的に総生産性において上回っていることの1つの理由である［Rosset 1999b; Badgley et al. 2007; Rosset et al. 2011］。

収量の増大

　モノカルチャーと比べ混作では大幅に生産が増加するとしばしば報告されてきた［Francis 1986; Vandermeer 1989］。こういった混作栽培システムによる増産は、資源（太陽光、水、栄養分）の効率的利用、虫害の減少、雑草のより効果的な制御、土壌流出の減少と水の浸透性の改善等、様々なメカニズムの結果もたらされているとみられる［Francis 1986］。多様な農業生態系における生産性の向上につながるメカニズムは促進作用（facilitation）と呼ばれ、作物が別の作物に有益な働きをするように環境を変化させることがある。例えば、草食昆虫の個体数を減らす場合や、別の作物が摂取できる栄養分を放出する場合、促進作用が起きる［Lithourgidis et al. 2011］。これが混作作物間での競争にもかかわらず、収量がしばしば増加する理由である。というのも、促進作用が競争、特に弱い競争を凌駕し得るからである。一般に害虫と病原菌の頻度は混作の方が少ない。同様に、異なる根系と葉形態を持つ作物を同時に育てることにより、光と水を異なる層から吸収し、作物間の競争を減らすことで、資源の総利用効率が向上す

る。資源の捕捉や資源の転換効率等の要因も、増収の背後にあるメカニズムとして示唆されている。

混作による資源利用について、2つの対照的な種、通常はマメ科植物とイネ科植物を組み合わせることにより、別々に栽培するよりも生物学的な総生産性が高まると主張する研究者たちがいる。その理由は、混作は別々に単作するよりも資源を有効に利用できるからである［Vandermeer 1989］。Huang et al.（2015）は、中国北西部の畑でトウモロコシとソラマメ、トウモロコシと大豆、トウモロコシとヒヨコマメ、トウモロコシとカブの混作が収量と栄養分獲得に与えた影響を調査している。ほぼすべての事例において、混作は単作よりも全体の生産量を増やしたことを著者らは見出した。さらに、混作においては土壌から窒素がより効率的に取り込まれ、その一部がバイオマスに分解され土壌に戻ることにより、資源利用の効率性も高まったという。

害虫の制御

過去40年間、多様性に基づく農業戦略は地下と地上の双方向からの効果により、天敵の威力を高め、草食昆虫の数と作物への損害を減らすと多くの研究が明らかにしてきた［Altieri and Nicholls 2004］。Tonhasca and Byrne（1994）は混作と単作の害虫制御を比較した21の研究のメタ分析を行っているが、それによると混作によって害虫の密度は顕著に減少した（64％）。後に Letourneau et al.（2011）が148の比較研究をメタ分析した結果、モノカルチャーの農場と比べ多様な植生を持つ農場では、天敵が44％増加し、草食昆虫の死亡率が54％増加し、作物の損害が23％減少した。一方で、虫害が特定の作物の組み合わせの下で生じる場合もある。

また、植物病理学者は、病気の進行を遅らせ、かつ特定の病原菌の拡散を抑制するように環境条件を変更することにより、混作が病原菌の発生を低め得ることを認めている［Boudreau 2013］。土壌に起源を持つないし水が跳ねることで拡がる病気については、Hiddink, Termorshuizen and Bruggen（2011）が36の研究をレビューしているが、74.5％の事例において混作の方が単作よりも病気の発生を削減できたと結論付けている。土壌にいるあるいは水が媒介する病原菌による病気の発生を減らすメカニズムとしてよく言及されてきたのは、宿主となる植物の密度を減らすことである。他感作用や天敵微生物のような他のメカニズムは、多様化されたファーミングシステムにおいて病気の深刻度を和らげる

と考えられる。こうした効果により、似た条件下にある単作と混作を比べると、後者の方が作物の損害が少なく、収量で上回ることになる。

　雑草を研究する生態学者は、雑草の抑制という観点からは混作は単作に勝ることが多いことを見出している。というのも、混作は単作よりも多くの資源を消費するからである。収量の増大と雑草の抑制を混作により達成し得るが、それは混作によって資源（栄養分）が先取りされることにより作物の取り込む資源が増え雑草のそれが減る、あるいは混作による他感作用を通じて雑草の発芽と成長が妨げられたり実質的に雑草を駆逐してしまうからである［Liebman and Dyck 1993］。

多様性と気候変動へのレジリエンス

　モロコシとキマメの混作に関する94の実験データによると、定められた「災害」レベルに対し、キマメの単作では5年に1度失敗し、モロコシの単作では8年に1度失敗するが、それらを混作すれば36年に1度の失敗で済む［Willey 1979］。干ばつの際、混作は単作よりも収量が安定し、生産性の低下が少ない。Natarajan and Willey（1986）は、モロコシとピーナッツ、キビとピーナッツ、モロコシとキビの混作に与える水量を減らすことにより、干ばつが収量に与える影響が混作の方が少ないかどうかを検証した。その結果、すべての混作の組み合わせにおいて、297mmから584mmまで5段階に調節された水量のいずれでも、一貫して混作は単作よりも生産量が多かった。興味深いことに、水の不足というストレスの度合いが高まるにつれて、単作と混作の間の生産性の違いは拡がった。混作の方が土壌の有機物の割合が高い傾向にあるというのが、考えられる理由の1つである［Marriott and Wander 2006］。それにより、保水力が高まり、作物の水へのアクセスが増し、干ばつ下での抵抗力とレジリエンスにプラスの影響を与えるのである。Hudson（1994）は、土壌に占める有機物が0.5％から3％へと増加すると保水力が倍以上に増えることを示している。37年間に及ぶ試行の結果、Reganold（1995）は、慣行農場よりも有機農場の方が土壌有機物の比率が顕著に高く、表土の湿度が42％高いことを見出した。

　多くの混作システムは単作と比べ、水資源利用の効率性を高める。Morris and Garrity（1993）によれば、混作は単作よりもはるかに効率的に水を利用しており、18％以上上回ることも多く、最大で99％の差があった。混作では、根の働きで土壌の水分を最大限利用し、根域に水分を蓄え蒸発を減らし、さらに

過度の蒸散を制御し植物の成長に有利な微気候を整えることにより、水利用の効率性が高まるのである。

　熱帯の山腹地域では、豪雨に晒されても、混作による林冠の重なりが表土を守ることで土壌の流失をかなり防ぐことができる。林冠と植物残渣が増えると、豪雨の影響が緩和される。さもなければ、土壌の粒子が引き剥がされ、流失が生じやすくなる。表面流出（surface run-off）は覆土により弱まり、土壌への水分の浸透を促す。地上の植生が土壌を保全するだけでなく、根系もまた地中に根を張ることで土壌の安定化に貢献する［Altieri et al. 2015］。

5　農場のアグロエコロジーへの転換

　特化、短期的生産性や経済効率が優先される近代的農業の現状を考慮するならば、商業的な農業システムを生態学的な原理に合わせるのは途方もない挑戦にみえる［Horowith 1985］。このような制約にもかかわらず、多くの小中規模の農家だけでなく、一部の大規模農家でさえ、アグロエコロジー的な農業への転換プロセスの中にある。およそ3年以内にこれらの農家は、土壌の性質と微気候条件、および植物多様性とそれに結び付いた有益な植物相において有利な変化のあることに気付くが、そうする中で植物の健全さ、および作物の生産性とレジリエンスを高めるための基礎を徐々に創出しているのである。

　多くの論者は転換を、3つのはっきりとした段階あるいは局面からなる移行プロセスとして概念化してきた［McRae et al. 1990; Gliessman 1998］。

1. 総合的病害虫管理（Integrated Pest Management：IPM）ないし総合的土壌肥沃度管理（integrated soil fertility management）を通じての投入（財）の利用効率の向上。
2. 投入の代替あるいは環境に優しい投入（植物ないし微生物由来の殺虫剤、生物肥料等）への代替。
3. システムのリデザイン（再設計）：作物と動物を最適に組み合わせた多様化が相乗効果を促し、農業生態系の中で土壌肥沃度が高まり、自然に害虫が制御され、作物の生産性も高まるようになる。

持続可能な農業を構成するものとして今日振興されている実践の多くは、最

初の２つの段階に分けられる。その双方が環境への悪影響の減少という点では、明らかな便益をもたらす。化学投入財の利用を減らし、しばしば慣行システムよりも経済的に優位に立てるからである。農家は抜本的な変更をリスクが高過ぎるとみなすかもしれず、漸進的な変化の方が受け入れられやすいだろう。しかしながら、モノカルチャーの構造に手を付けないままで投入財の利用効率を改善するないし化学投入財を生物由来の投入財に代替する実践により、農業システムの生産的なリデザインがもたらされることなどあるのだろうか［Rosset and Altieri 1997］。真のアグロエコロジー的な転換は、モノカルチャーと外部投入への依存を問題視する。

　一般に、IPM のようなアプローチによる投入の微調整によって農家が高投入システムに対するオルタナティブへと移行することはほとんどない。大概の場合、IPM は知的な農薬管理（intelligent pesticide management）に過ぎない。IPM はあらかじめ定められた経済的な閾値に従う農薬の選択的使用をもたらすが、そこでの閾値は病虫害に悩まされることの多いモノカルチャーを前提としている。大多数の商業的有機農家による代替的投入財の利用は、生物由来ないし有機の投入財によって制約要因を克服しようするものであり、従来の慣行農業と同じパラダイムに従っている［Rosset and Altieri 1997］。これらの代替投入財の多くは商品化されているため、農家は供給業者に依存し続けることになる。カリフォルニアでは、ブドウとイチゴを栽培する有機農家の多くは季節あたり12から18種の生物由来の投入財を与える。費用の増大に加え、ある目的のために投入財を使えば、システムを別の面から変えてしまう。例えば、ブドウの葉の病気を制御するために広く用いられている硫黄は、害虫であるヨコバイの天敵である寄生バチ（Anagrus parasitic wasps）をも一掃してしまう可能性がある。このように農家は「有機の踏み車」に囚われるがごとく、投入財を延々と使い続ける羽目になる。Gliessman（2010）は、近代農業の直面する挑戦に対処するには投入の効率性を改善したり投入代替をするだけでは不十分であるとし、ファーミングシステムは新しい生態学的な関係性に基づいてリデザインされねばならないと論じる。これは、アグロエコロジーと持続可能性の観念に基づく農業の生態学的な移行として、転換に取り組むことを意味する。

　究極的には、システムのリデザインのためには、区画から景観に至る多様化を通して、肥沃な土壌、栄養分の循環と固定、水分の保持、病虫害の制御、受粉やその他の本質的な生態系サービスを生み出す相互作用を促進する生態学的

なインフラの整備が欠かせない。農場の生態学的なインフラのリデザイン（生け垣、輪作、昆虫の住処等）に伴う費用（労働、資源、資金）は初めの3年から5年間は高くなりがちである［Nicholls, Altieri and Vazquez 2016］。しかし、輪作とそれ以外の植生上の工夫（被覆作物、混作、作物間の境界の設置等）が生態系サービスを提供し始めると、生態学的なプロセス（栄養分循環、害虫制御等）が作用するようになる。農場の機能的な生物多様性が徐々に生態学的な機能を果たすようになるにつれて、労働力を含む外からの投入の必要性は減り、ひいては維持に要する費用も減少していく（図1-4）。

図1-4　アグロエコロジー的なプロセス

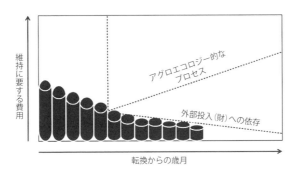

土壌生物学的な変化

　3年間から4年間のアグロエコロジー的な転換プロセスを経ると、土壌の特性の変化が明らかになる。一般に、慣行農業の土壌よりも有機農業の土壌の方が、生物活動が活発である。スイスにおいて行われた長期にわたりよく統制された研究によると、菌根と共生する作物の根は、有機ファーミングシステムにおいて慣行のシステムよりも40％長かったという。特に重要な発見は、水分の不足した条件下では、アーバスキュラー菌根（Vesicular-Arbuscular Mycorrhizae: VAM）の住む植物の方が菌根のいない（Non-Mycorrhizal: NM）植物よりも、VAMにより水利用の効率性が上がるため、通常かなり高いバイオマスと収量を示すことである［Li et al. 2007］。スイスにおける別の研究では、有機農業の試験区において慣行農業の試験区よりも、バイオマスとミミズの量がそれぞれ1.3倍、3.2倍ほど多かった。オサムシ（carabids）やハネカクシ（staphylinids）、蜘蛛といった捕食者の活動と密度においても、有機の試験区は慣行のほぼ2倍

だった［Mader et al. 2002］。窒素、リン、カリウム、有機物およびいくつかの微
量栄養素の比重は時間が経つにつれ増えていき、転換当初と比べ大幅に高い値
を示すようになる。多くの研究により、有機農業は慣行農業よりも、生物種の
豊富さと量、土壌の肥沃度、作物による窒素の吸収、水分の浸透性と保持能力、
エネルギーの利用と効率性を含む様々な持続可能性指標において優れているこ
とが示されてきた（例えば Pimentel et al. 2005）。

収量の進展

　生産性についてみると、中欧における Mader et al.（2002）の研究では、21年
間の有機作物の収量は平均して慣行作物よりも20%低かった。しかしながら、
有機システムでは慣行農場と比較して、作物（乾物）1単位を生産するのに要
するエネルギーは20〜56%、土地あたりでは36〜53%少なかった［Mader et al.
2002］。通常収量は転換後3〜5年の間減少し、それから再び上昇するものだ
が、2015年になされたメタ分析が示唆するところでは、有機農場の収量は慣行
農場よりも19.2%（誤差は ±3.7%）低いに過ぎず、これまでの推計よりも差は
小さい。同じ研究によると、マメ科作物であるか否か、多年生作物であるかそ
うでないか、先進国であるのか途上国であるのかは収量に有意な違いをもたら
さなかった［Ponisio et al. 2015］。

　有機農業と慣行農業との収量ギャップに関する議論をアグロエコロジーに適
用することは、誤解を招き得ることに注意せねばならない。というのも、収量
ギャップの研究で通常比較されるのは有機の単作と慣行の単作であって、アグ
ロエコロジーに依拠する複雑なシステムではないからである。生産性の高いシ
ステムは、モノカルチャーよりもむしろ多様で複雑な混作、アグロフォレスト
リーおよび有畜複合経営の下でみられるのであり、そこでは土地あたりの総生
産量は、有機であるか慣行であるかを問わず、モノカルチャーを上回ることが
多い［Rosset 1999］。

　大規模な農場が有機システムを取り入れた場合も、（堆肥をベースとする
かマメ科をベースとするかを問わず）取りかかりから3年間を経ると、慣行シ
ステムと同程度の収量を示すようになることが、ペンシルベニアのロデー
ル（Rodale）研究所で行われた30年間に及ぶ農法比較試験（Farming systems trial:
FST）によって示された。慣行システムでは基本的に変化がみられないのに対
し、有機システムでは土壌の健全性（土壌炭素量で測られる）が次第に増してい

くため、干ばつの際に有機トウモロコシの収量は31％ほど高かった。慣行の場合よりも土壌の有機物の割合が高く、また水分を保全することができたのである［Rodale Institute 2012］。

　農業生態系が転換プロセスの最終段階（システムのリデザイン）に入り、システムとして多様な作物が同時に栽培されるようになると、農場レベルで総生産量が増加する。Ponisio et al.（2015）は、混作と輪作という2つの多様化の手法が有機システムで実践されると、慣行システムとの収量ギャップが大幅に小さくなることを示している。単一の作物の収量ではなく生産物の総量を基準とするならば、穀物、果物、野菜、飼料、肉や乳製品を同時に生産する小規模で多様化された農場は、モノカルチャーの大規模農場よりも土地あたりでみればはるかに生産的である［Rosset 1999］。

異なるシステムを比べる難しさ

　転換プロセスの研究者を悩ますことの1つに、現実には低投入の有機生産システムを確立した多くの成功例がある一方で、化学投入財を漸次減らしつつ有機の手法を徐々に取り入れていくという比較実験を通じて有機農業が慣行農業よりも優れているのを示すのが難しいことがある。この逆説について、Andow and Hidaka（1989）は、「生産のシンドローム」という表現を用いて説明を試みている。彼らは、伝統的な自然農法による稲作と現代日本の高投入の稲作を比較した。稲の収量自体は比較可能だが、灌漑の方法、田植えの仕方、苗の密度、肥料の中身と量、病虫害と雑草の管理等、実践上のほぼあらゆる点で両者は著しく異なるものだった。Andow and Hidaka（1989）によると、前者と後者は質的に全く違った形で機能するという。異なる文化技術と病虫害管理の広範な組み合わせは、いかなる1つの農法でも対応することのできない機能的違いをもたらす。生産シンドロームとは、互いに環境に適応しつつ高いパフォーマンスを導く農業実践の集合のことを指す。ところが、この集合の一部は適応力に乏しいため、少しずつ増やしていくという比較研究は実行できないかもしれない。実践間の相互作用と相乗効果は、個々の手法の効果を足し合わせただけでは説明できないシステム上のパフォーマンス改善へとつながる。換言すれば、各々の生産システムは異なる種類の管理技術ひいては生態学的な関係を表しており、異なるシンドロームを形成しているのである［Nicholls et al. 2016］。

図1-5　被覆作物の諸機能

　農法の中には、どのように適用されるのか、および他の方法により補完される
のかに左右されるのだが、再利用、生物学的制御、天敵、他感作用といった
ファーミングシステムの健全性と生産性に必要不可欠なプロセスを活性化する
ことを通じて、「生態学的な回転盤」のような役割を果たすものも多い。被覆
作物の例（図1-5）をみると、雑草の抑制、土壌が媒介する害虫の抑制、土壌の
保護と安定化、活性度の高い有機物の付加、窒素の固定と土壌分解の促進等の
複合的な機能を同時に果たすことができる ［Magdoff and van Es 2000］。
　アグロエコロジー的なデザインは場の限定を受ける。他所で適用可能なのは
技術ではなく、持続可能性の根底をなす生態学的な原理である。技術をある場
所から別の場所に移転したところで、その技術と結び付いた生態学的な相互作
用も複製できない限り、意味をなさない ［Altieri 2002］。移転し得るのは根底に
ある原理なのである。

意図的な多様化
　伝統農業の多様化された作物システムを参考にしつつ、アグロエコロジス
トは、同じ土地上に作物を組み合わせる（多くの場合それに家畜や樹木が加わる）
ことにより、土壌の有機物と養分組成における変化と微気候（太陽光、温度と
湿度）の変化を促しながら、総合的な実践としての農業を志向する。多様化さ

図1-6　農業生態系のパフォーマンスの改善

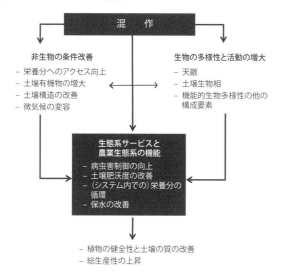

れた作物システムにおいては、生態系サービスを提供する有益な生物相に適切な住処が与えられることを通じて、機能的生物多様性の構成要素（捕食者と捕食寄生者、受粉媒介者、ミミズ等の分解者や他の土壌生物など）の活動も活発化する（図1-6）。例えば、マメ科の植物を含めると、生物学的に窒素が固定され土壌の肥沃度が増し、他の栽培穀物にも有利に働く。また、害虫に悩む作物のための天敵を繁殖させるという効果も見越して、特定の作物を植えることもある。同様に、VAMやミミズの活動により土壌中の炭素が増え土壌構造が改善すると、保水能力が高まり水分の効率的利用が可能になり、作物全体の干ばつへの耐性も高まる。

　このように作物の多様化は、農業生態系の生物多様性を豊かにし、生態系の供するサービスの数と水準を引き上げるための有効な戦略である。半ば計画され半ば自然環境に起因する豊かな生物多様性は、栄養分の循環と土壌の肥沃度を改善し、栄養分の流出を抑え、病虫害と雑草の悪影響を緩和し、作物システム全体のレジリエンスを高める。多様化されたファーミングシステムにおける生態学的な相互作用についての研究を推進し、理解を深めることにより、温帯、熱帯のより広い地域に適用可能で有効なシステムをデザインするためのさらなる基礎が築かれるだろう。

●原註

1) 本書ではアグロエコロジストを、アグロエコロジーおよび農業と食のシステムのア
   グロエコロジー的な転換とを研究したり推進する人びとのことと、幅広く捉えてい
   る。その中には、学者、研究者、技術普及員、アクティビストや提唱者も含まれれ
   ば、農家や小農、消費者、および彼らのリーダーも含まれる。

参考文献

Altieri, M.A. 1995. *Agroecology: The Science of Sustainable Agriculture*. Boulder, CO: Westview Press.

___. 2002. "Agroecology: The science of natural resource management for poor farmers in marginal environments." *Agriculture, Ecosystems and Environment*, 93: 1–24.

___. 2004. "Linking ecologists and traditional farmers in the search for sustainable agriculture." *Frontiers in Ecology and the Environment*, 2: 35–42.

Altieri, M.A., M.K. Anderson, and L.C. Merrick. 1987. "Peasant agriculture and the conservation of crop and wild plant conservation." *Biology*, 1: 49–58.

Altieri, M.A., C.I. Nicholls, A. Henao and M.A. Lana. 2015. "Agroecology and the design of climate change-resilient farming systems." *Agronomy for Sustainable Development*, 35: 869–890.

Altieri, M.A., and C.I. Nicholls. 2004. *Biodiversity and Pest Management in Agroecosystems*, 2nd edition. Binghamton, NY: Harworth Press.

Andow, D.A., and K. Hidaka. 1989. "Experimental natural history of sustainable agriculture: Syndromes of production." *Agriculture, Ecosystems and Environment*, 27: 447–462.

Badgley, C., J.K. Moghtader, E. Quintero, et al. 2007. "Organic agriculture and the global food supply." *Renewable Agriculture and Food Systems*, 22, 2: 86–108.

Bianchi, F.J.J.A., C.J.H. Booij and T. Tscharntke. 2006. "Sustainable pest regulation in agricultural landscapes: A review on landscape composition, biodiversity and natural pest control." *Proceedings of the Royal Society*, 273: 1715–1727.

Boudreau, M.A. 2013. "Diseases in intercropping systems." *Annual Review of Phytopathology*, 51: 499–519.

Brokenshaw, D.W., D.M. Warren, and O. Werner. 1980. *Indigenous Knowledge Systems and Development*. Lanham, University Press of America.

Brush, S.B. 1982. "The natural and human environment of the central Andes." *Mountain Research and Development*, 2, 1: 14–38.

Cabell, J.F., and M. Oelofse. 2012. "An indicator framework for assessing agroecosystem resilience." *Ecology and Society*, 17: 18–23.

Clawson, D.L. 1985. "Harvest security and intraspecific diversity in traditional tropical agriculture." *Economic Botany*, 39, 1: 56–67.

Corbett, A., and J.A. Rosenheim. 1996. "Impact of a natural enemy overwintering refuge and its interaction with the surrounding landscape." *Ecological Entomology*, 21: 155–164.

Denevan, W.M. 1995. "Prehistoric agricultural methods as models for sustainability." *Advanced Plant Pathology*, 11: 21–43.

De Walt, B.R. 1994. "Using indigenous knowledge to improve agriculture and natural resource management." *Human Organization*, 53, 2: 23–131.

etc Group. 2009. "Who will feed us? Questions for the food and climate crisis." etc Group Comunique #102.

Ford, A., and R. Nigh. 2015. *The Mayan Forest Garden: Eight Millennia of Sustainable Cultivation of Tropical Woodlands*. Walnut Creek, CA: Left Coast Press.

Francis, C.A. 1986. *Multiple Cropping Systems*. New York, MacMillan.

Francis, C., G. Lieblein, S. Gliessman, et al. 2003. "Agroecology: The ecology of food systems." *Journal of Sustainable Agriculture*, 22: 99–118.

Gliessman, S.R. 1998. *Agroecology: Ecological Processes in Sustainable Agriculture*. Chelsea, MI: Ann Arbor Press.

___. 2010. *Agroecology: The Ecology of Sustainable Food Systems*, 2nd edition. Boca Raton, FL: CRC Press.

Hainzelin, E. 2006. *Campesino a Campesino: Voices from Latin America's Farmer to Farmer Movement for Sustainable Agriculture*. Oakland: Food First Books.

Hiddink, G.A., A.J. Termorshuizen, and A.H.C. Bruggen. 2010. "Mixed cropping and suppression of soilborne diseases." In *Genetic Engineering, Biofertilisation, Soil Quality and Organic Farming*. Sustainable Agriculture Reviews, volume 4.

Holt-Giménez, E. 2006. *Campesino a campesino: voices from Latin America's farmer to farmer movement for sustainable agriculture*, Oakland: Food First Books.

Horowith, B. 1985. "A role for intercropping in modern agriculture." *Bioscience*, 35: 286–291.

Huang, C., Q.N. Liu, T. Stomph et al. 2015. *Economic Performance and Sustainability of a Novel Intercropping System on the North China Plain*. PLoS ONE.

Hudson, B. 1994. "Soil organic matter and available water capacity." *Journal of Soil and Water Conservation*, 49, 2: 189–194.

Koohafkan, P., and M.A. Altieri. 2010. *Globally Important Agricultural Heritage Systems: A lLegacy for the Future*. UN-FAO, Rome

Kremen, C., and A. Miles. 2012. "Ecosystem services in biologically diversified versus conventional farming systems: benefits, externalities, and trade-offs." *Ecology and Society*, 17, 4: 1-40.

Landis, D.A., M.M. Gardiner, W. van der Werf and S.M. Swinton. 2008. "Increasing corn for biofuel production reduces biocontrol services in agricultural landscapes." Proceedings of the National Academy of Sciences, 105: 20552–20557.

Letourneau, D.K., I. Armbrecht, B. Salguero, et al. 2011. "Does plant diversity benefit agroecosystems? A synthetic review." *Ecological Applications*, 21, 1: 9–21.

Li, L., M. Li, H. Sun, et al. 2007. "Diversity enhances agricultural productivity via rhizosphere phosphorus facilitation on phosphorous-deficient soils." *Proceedings of the National Academy of Sciences*, 104: 11192–11196.

Liebman, M., and E. Dyck. 1993. "Crop rotation and intercropping: Strategies for weed management." *Ecological Applications*, 3, 1: 92–122.

Lin, B.B. 2011. "Resilience in agriculture through crop diversification: adaptive management for environmental change." *BioScience*, 61: 183–193.

Lithourgidis, A.S., C.A. Dordas, C.A. Damalas and D.N. Vlachostergios. 2011. "Annual intercrops: An alternative pathway for sustainable agriculture." *Australian Journal of Crop Science*, 5: 396–410.

Loreau, M., and C. de Mazancourt. 2013. "Biodiversity and ecosystem stability: A synthesis of underlying mechanisms." *Ecology Letters*, 16: 106–115.

Loreau, M., S. Naem, P. Inchausti, et al. 2001. "Biodiversity and ecosystem functioning: Current knowledge and future challenges." *Science*, 294: 804–808.

Machín Sosa, B., A.M. Roque, D.R. Ávila and P. Rosset. 2010. "Revolución agroecológica: el movimiento de Campesino a Campesino de la anap en Cuba." Cuando el campesino ve, hace fe. Havana, Cuba, and Jakarta, Indonesia: anap and La Vía Campesina. <http://www.viacampesina.org/downloads/pdf/sp/2010-04-14-rev-agro.pdf>.

Mader, P., A. Fliessbach, D. Dubois, et al. 2002. "Soil fertility and biodiversity in organic farming." *Science*, 296: 1694–1697.

Magdoff, F., and H. van Es. 2000. *Bulding Soils for Better Crops*. Beltsville, MA: Sustainable Agriculture Network.

Malezieux, E. 2012. "Designing cropping systems from nature." *Agronomy for Sustainable Development*, 32: 15–29.

Marriott, E.E., and M.M. Wander. 2006. "Total and labile soil organic matter in organic and conventional farming systems." *Soil Science Society of America Journal*, 70, 3: 950–959.

McRae, R.J., S.B. Hill, F.R. Mehuys and J. Henning. 1990. "Farm scale agronomic and economic conversion from conventional to sustainable agriculture." *Advances in Agronomy*, 43: 155–198.

Moonen, A.C., and P. Barberi. 2008. "Functional biodiversity: An agroecosystem approach." *Agriculture, Ecosystems and Environment*, 127: 7–21.

Morris, R.A., and D.P. Garrity. 1993. "Resource capture and utilization in intercropping: Water." *Field Crops Research*, 34: 303–317.

Murgueitio, E., Z. Calle, F. Uribea, et al. 2011. "Native trees and shrubs for the productive rehabilitation of tropical cattle ranching lands." *Forest Ecology and Management*, 261: 1654–1663.

Natarajan, M., and R.W. Willey. 1986. "The effects of water stress on yield advantages of intercropping systems." *Field Crops Research*, 13: 117–131.

Nicholls, C.I., M. Parrella, and M.A. Altieri. 2001. "The effects of a vegetational corridor on the abundance and dispersal of insect biodiversity within a northern California organic vineyard." *Landscape Ecology*, 16: 133–146.

Nicholls, C.I., M.A. Altieri, and L. Vazquez. 2016. "Agroecology: Principles for the conversion and redesign of farming systems." *Journal of Ecosystem and Ecography* DOI: 10.4172/2157-7625.S5-010.

Pimentel, D., P. Hepperly, J. Hanson, et al. 2005. "Environmental, energetic and economic comparisons of organic and conventional farming systems." *Bioscience*, 55: 573–582.

Perfecto, I., J. Vandermeer and A. Wright. 2009. *Nature's Matrix: Linking Agriculture, Conservation and Food Sovereignty*. London: Earthscan.

Ponisio, L.C., L.K. M'Gonigle, K.C. Mace, J. Palomino, P. de Valpine and C. Kremen. 2015. "Diversification practices reduce organic to conventional yield gap." *Proceedings of the Royal Society*, B 282: 1799.

Powell, J.M., R.A. Pearson, and P.H. Hiernaux. 2004. "Crop–livestock interactions in the West African drylands." *Agronomy Journal*, 96, 2: 469–483.

Power, A.G., and A.S. Flecker 1996. "The role of biodiversity in tropical managed ecosystems." In G.H. Orians, R. Dirzo, J.H. Cushman (eds.), *Biodiversity and Ecosystem Processes in Tropical Forests*. New York: Springer-Verlag.

Reganold, J.P. 1995. "Soil quality and profitability of biodynamic and conventional farming systems: A review." *American Journal of Alternative Agriculture*, 10: 36–46.

Rodale Institute. 2012. "The farming systems trial: Celebrating 30 years." Kutztown, PA.

Rosset, P.M. 1999. *The Multiple Functions and Benefits of Small Farm Agriculture*. Food First Policy Brief #4. Oakland: Institute for Food and Development Policy.

Rosset, P.M., and M.A. Altieri. 1997. "Agroecology versus input substitution: A fundamental contradiction of sustainable agriculture." *Society and Natural Resources*, 10: 283–295.

Rosset, P.M., B. Machín Sosa, A,M, Jaime and D.R. Lozano. 2011. "The campesino-to-campesino agroecology movement of anap in Cuba: social process methodology in the construction of sustainable peasant agriculture and food sovereignty." *Journal of Peasant Studies*, 38, 1: 161–191.

Sanchez, P.A 1995. "Science in agroforestry." *Agroforestry Systems*, 30, 1–2: 5–55.

Swiderska, K. 2011. "The role of traditional knowledge and crop varieties in adaptation to climate change and food security in SW China, Bolivian Andes and coastal Kenya." London: iied. <http://pubs.iied.org/pdfs/G03338.pdf>.

Swift, M.J., and J.M. Anderson. 1993. "Biodiversity and ecosystem function in agricultural systems." In *Biodiversity and Ecosystem Function*. Berlin: Springer-Verlag.

Tilman, D., P.B. Reich and J.M.H. Knops. 2006. "Biodiversity and ecosystem stability in a decade-long grassland experiment." *Nature*, 441: 629–632.

Toledo, V.M., and N. Barrera-Bassols. 2009. *La Memoria Biocultural: la importancia ecológica de las sabidurías tradicionales*. Barcelona: icaria Editorial.

Tonhasca, A., and D.N. Byrne. 1994. "The effects of crop diversification on herbivorous insects: A meta-analysis approach." *Ecological Entomology*, 19, 3: 239–244.

Topham, M., and J.W. Beardsley. 1975. "An influence of nectar source plants on the New Guinea sugarcane weevil parasite, Lixophaga sphenophori (Villeneuve)." *Proceedings of the Hawaiian Entomological Society*, 22: 145–155.

Tscharntke, Teja, Riccardo Bommarco, Yann Clough et al. 2007. "Conservation biological control and enemy diversity on a landscape scale." *Biological Control*, 43, 3: 294–230.

Vandermeer, J. 1989. *The Ecology of Intercropping*. Cambridge, UK: Cambridge University Press.

Vandermeer, J., M. van Noordwijk, J. Anderson, et al. 1998. "Global change and multi-species agroecosystems: Concepts and issues." *Agriculture, Ecosystems and Environment*, 67: 1–22.

Verchot, L.V., M. van Noordwijk, S. Kandji, et al. 2007. "*Climate change: Linking adaptation and mitigation through agroforestry.*" *Mitigation and Adaptation Strategies for Global Change*, 12: 901–918.

Wilken, G.C. 1987. *Good Farmers: Traditional Agricultural Resource Management in Mexico and Guatemala*. Berkeley: University of California Press.

Willey, R.W. 1979. "Intercropping – its importance and its research needs. I. Competition and yield advantages." *Field Crop Abstracts*, 32: 1–10.

Zheng, Y., and G. Deng. 1998. "Benefits analysis and comprehensive evaluation of rice-fish-duck symbiotic model." *Chinese Journal of Eco-Agriculture*, 6: 48–51.

Zhu, Y., H. Fen, Y. Wang, et al. 2000. "Genetic diversity and disease control in rice." *Nature*, 406: 718–772.

マヤ農民のミルパ畑（トウモロコシとカボチャ等の混作）［受田宏之撮影］

第2章
アグロエコロジー思想の歴史と潮流

小農や先住民族は歴史的にアグロエコロジーという言葉を用いてきたわけではないが、アグロエコロジーの原理と実践は、彼らが世界各地で農業について蓄えてきた知識と実践とに依拠するものである。だが、学者や実務家、社会運動家によって使われるようになったアグロエコロジーの起源を探ろうとするとするならば、異なる時点に異なる地域で様々な人びとによって支持された思想の流れを調べる必要がある。

1　歴史的基盤

初期の理論家であるドイツ人の Rudolf Steiner（1993）は、秘儀的なところがあるにせよ、農業への生態学的なアプローチの基礎を築いた。それは現在バイオダイナミック農法と呼ばれており、その実践者によると、薬用植物と鉱物、牛の糞尿を調合したものを土壌と作物に与え、自律的な農業を目指すことによって、土壌の肥沃度と植物の健全性が改善するという。バイオダイナミック農法の実践者は農場を 1 つのまとまりとして捉え、全体論的なアプローチにより管理されねばならない有機体とみなす。

全体論的な農業思想の別の有力な流れに、慣行農業に代わるものと概念付けられた有機農業がある。有機農業のパイオニアである Albert Howard 卿は、「原住民の」実践する農業を改善するため、英国植民地当局からインドに派遣された。何年にもわたりインド亜大陸で農業の研究と観察を重ねた結果、インドの小農が実践する伝統的な農法の方がヨーロッパの近代農法よりはるかに洗練されており、有効であると確信するに至った。この経験から有機農業の哲学と概

念を編み出し、古典となった著書『農業聖典（Agricultural Testament, 1943）』*）の中でそれを広めた。Howard は土壌の肥沃度と、糞尿を含む廃棄物の有効再利用の必要性とを力説した。彼のいう肥沃度は、土壌動物が作物、家畜と人類の健康にいかに結び付いているのかを重視しつつ、腐葉土の形成に焦点をあてている。多くの人びとの考えるところによれば、Howard は Franklin Hiram King（1911）に鼓舞された。同書は、中国、韓国と日本の伝統的なファーミングシステムがいかにしてレジリエントな土着の農業戦略を通して時の試練に耐えているのかを資料を用いて示したものである。また、Eve Balfour は、著書『生きている土壌（The Living Soil,1949）』の出版を通して有機農業の普及に貢献した。Jerome Rodale とその息子 Robert Rodale は、出版業を営み、有機農業に転換した初期の世代に属するが、アメリカにおいて有機の概念が広まるのに大きく貢献した［Heckman 2006］。

　アグロエコロジーの出現に影響を与えた他の思潮として、ヨーロッパと北米における農学者、地理学者、昆虫学者、生態学者等の大学関係者や研究者の行った初期の研究が挙げられる。Wezel et al.（2009）によれば、「アグロエコロジー」という用語は、1930年にロシアの農学者 Bensin が商業作物に関する研究で生態学的な手法の利用を説明する際に初めて用いられた。1960年代の終わりには、フランスの農学者 Hénin（1967）が Bensin の研究に触発されて、農学を「植物生産と農地管理への生態学の応用」と定義した。

　1950年代には、ドイツの生態学者で動物学者でもある Wolfgang Tischler によっておそらくは初めて、『アグロエコロジー』（1965）という題名の本が出版された。Tischler は特に病虫害管理に関するアグロエコロジーの研究成果を発表し、土壌生物学、昆虫群衆の相互作用、農地を含む景観全体での植物の保護に関する未解決の問題を論じた。

　1900年代初めには、イタリアの科学者 Girolamo Azzi（1928）が、「農業生態学（agricultural ecology）」を農作物の生育と収量とのかかわりで環境や気候、土壌の物理的特徴を研究する分野として定義付けた。Azzi の強調するところでは、気象学、土壌学、昆虫学は別個の専門分野であるが、作物の潜在的反応との関連でそれらを研究するとアグロエコロジーに収斂していく。アグロエコロジーとは作物とその環境の関係を明らかにする科学なのである。その後、Alfonso

---

*）訳書（保田茂訳）が日本有機農業研究会より2003年に出版。

Draghetti（1948）は、『農場生理学の原理』という画期的な本を出版した。同書では農場は機能的な統一体（生きた身体）として捉えられ、すべての部分（器官）は農家がデザインし管理する組織（生理）を通じて結び付いている。この生理によって、「器官」の機能的役割に従い補完的な構成要素が相乗的に作用するようになり、物質の循環と再利用が可能になる。土壌肥沃度の維持は長期的な生産性ないし生態系の健全さを保証するための主たる「生理学的」目標である一方、輪作と家畜の糞尿と堆肥を混ぜた肥料を使う有蓄複合は有機物を土壌に供給する主たる「器官」をなす。

　アメリカでは、アグロエコロジーに関する初期の重要文献が農学者 Karl Klages（1928）によって著された。その中で彼は、作物とその環境の複雑な関係を理解するには、特定の作物種の分布と適応に影響を与える生理学的、農学的要因を考慮しなければならないと示唆している。後に Klages（1942）は、ある地域でどの作物をどれくらいの量生産できるのかを決める歴史的、技術的、社会経済的な要因も含めるよう自らの定義を拡張した。

　1970年代と80年代には農業に生態系のアプローチを適用する研究が徐々に増えていく。Altieri, Letourneau and Davis（1983）、Conway（1986）、Dalton（1975）、Douglass（1984）、Gliessman, Garcia and Amador（1981）、Hart（1979）、Loomis, Williams and Hall（1971）、Lowrance, Stinner and House（1984）、Netting（1974）、Spedding（1975）、van Dyne（1969）、Vandermeer（1981）等、アグロエコロジーの観点にたった農学の研究成果が急激に増加した。Cox and Atkin（1979）による『農業生態学』および Altieri（1987）による『アグロエコロジー──オルタナティブな農業の科学的根拠』が出版されて以降、アグロエコロジーへの関心は一層高まった。特に、農業のデザインと管理を指導するにあたり生態学の価値を見出した農学者や、農業システムを生態学的な仮説検証の試験区として使うようになった生態学者の間で、アグロエコロジーへの関心が高まった。

　熱帯生態学者は早くから、農業生態系の脆弱性を強調し、熱帯地域で近代的な集約農業技術を導入することの危険性に警鐘を鳴らしてきた。Janzen（1973）による熱帯の農業生態系に関する論文は、熱帯の農業システムが温帯地域のそれとは異なる機能を持ちうる理由を検討したもので、広く読まれた最初の文献である。それは、農業研究者に熱帯農業の生態学を見直すよう迫るものであった。1970年代に Gliessman の研究チームが Efraím Hernández-Xolocotzi

（1977）の研究*）を踏まえてメキシコの熱帯地域で行った研究は、メキシコの伝統農業の生態学的な基礎を理解することに焦点をあてた。観察と実践に基づく、そして文化的な側面も考慮した、この実証的な情報は、アグロエコロジーを概念化し応用するにあたっての知識の源とみなされた［Mendez, Bacon and Cohen 2013］。熱帯の生態学者は、熱帯地域でのポリカルチャーをモノカルチャーにおき換えることは森林の破壊、土壌の流出、養分の枯渇、虫害の発生、遺伝的多様性の損失などが生じる確率を高めると警告した。多くの生態学者の中心的な考えは、熱帯の農業生態系はローカルな生態系のエコロジカルな機能、すなわち栄養分が乏しい中での効果的な循環、複雑な構造、豊かな生物多様性などを模倣すべきというものであった。そのような模倣は、自然のモデル同様、生産的で、害虫に強く、栄養分を保持すると期待された［Ewell 1986］。この自然を模倣するアプローチは、カンザス州の草原にあるランド・インスティテュート（the Land Institute）において多年生作物の混作を通じて検証されつつある。

　レイチェル・カーソン（Rachel Carson）の『沈黙の春』（1962）**）は、殺虫剤利用による環境への二次被害について問題提起をした。それにより環境保護団体の間で、生態系、野生動物、食と人間への農薬の負荷を減らした新たな農業の展開を要求する声が高まった。それへの対応の1つは、作物を保護するために生物学的制御による病虫害管理を進めることであった。それは当初は、Altieri, Letourneau and Davis（1983）、Browning（1975）、Levins and Wilson（1979）、Metcalf and Luckman（1975）、Price and Waldbauer（1975）、Southwood and Way（1970）等で論じられ、理論化されているように、生態学的な原理に理論的にも実践上も完全に基いていた。多くの昆虫生態学者は、害虫問題の悪化にも表れている農業生態系の不安定化は、農薬の無差別な使用とモノカルチャーの拡大により強く結び付くようになっていると警告した。彼らは、害虫の捕食者と捕食寄生者が生息地と替わりの餌を確保できるための重要な手立てとして、農業生態系の内部とその周囲に植生の多様性を修復することを勧めた。1980年代には、作物栽培システムの多様化（複数種の栽培、混作、森林農業等）が天敵の

---

*）Hernández-Xolocotzi（1913-1991）はメキシコを代表する植物学者で、メキシコの民族植物学の父とも呼ばれる。

**）訳書（青樹簗一訳）は1974年に新潮社より出版。

増大やその他の要因と組み合わさり、しばしば草食害虫数の削減や虫害の減少をもたらすことを示す研究が爆発的に増えた［Altieri and Nicholls 2004; Letourneau et al. 2011］。

Altieri（1987, 1995）、Carroll, Vandermeer and Rosset（1990）、Gliessman（1998）等の文献はアグロエコロジーの進化に貢献した。すなわち、当初の生態学と農学に基づく科学としてのアグロエコロジーから、社会科学者の関与、他の知の体系（主に小農や先住民族）との対話、および地元の農業コミュニティの直接的な参加を通じた、超域的（transdisciplinary）で参加型の研究アプローチとしてのアグロエコロジーへの進化を促したのである。これらの文献やその後20年間に公刊された本や論文によって、アグロエコロジストに求められる姿は、実験生態学や農業生産科学などに依拠しながら研究に励むという自然科学者的なあり様から、社会科学や政治も同様に考慮する学際的、実践的なあり様へと変わることになった。

最後に、科学の専門分野としてのアグロエコロジーは、農場や農業生態系という範囲を超えて、食料の生産、分配、消費のグローバルなネットワークからなる食のシステム全体へと焦点を拡げるという大きな変容を経験した［Gliessman 2007; van der Ploeg 2009］。このことは、アグロエコロジーの定義の刷新を必然的に伴う。すなわちアグロエコロジーは、生態、経済、社会の諸次元をカバーし、食のシステムすべてを扱う総合的なエコロジー学、簡潔にいうならば食のシステムのエコロジーと定義されるのである［Francis et al. 2003］。このようにアグロエコロジストの間での新たな研究の潮流は、現代のグローバルな食のシステムを丁寧に分析し、社会的により公正で経済的に持続可能な食の供給と入手のためのローカルなオルタナティブを探求することにある。

2　農村開発

1970年代後半と80年代初頭にアグロエコロジーが再び注目を浴びるようになったのには、正規の農学あるいは生態学と直接の関係は薄い様々な知的潮流の影響を受けたことがある。人類学、民族生態学、農村社会学、開発学、エコロジー経済学といった多様な学問分野の成果がアグロエコロジーに反映されるようになる［Hecht 1995］。世界の中でも、ラテンアメリカは特にアグロエコロジーが急速に拡大した地域である。初期の段階においては、緑の革命が生

態系や社会に及ぼす影響を懸念した何百ものNGOによってアグロエコロジーが採り入れられた。大抵の場合、資源に乏しい農家は緑の革命からほとんど利益を得なかったが、それは新しい技術が規模中立的ではなかったからである［Pearse 1980］。広大で豊かな土地を持つ農家が最も多くの利益を得る一方、より資源の少ない農家はしばしば損をし、所得格差が悪化することが多かった［Lappé, Collins and Rosset 1998: Ch.5］。貧しい農家にとって技術が不適切であっただけでなく、これらの小農は自分たちが望むならば新技術を使用し慣れるのに役立ったであろう信用や情報、技術サポートその他のサービスから排除されていた［Pingali, Hossain and Gerpacio 1997］。NGOは農村の貧困に挑み小規模農家の悪化した資源基盤を保全し再生することが急務であると感じていたが、アグロエコロジーの中に農業研究と資源管理の新しいアプローチを見出した。それは技術の開発と普及のための参加型アプローチと親和的だった［Altieri 2002］。NGOは、農村の貧困層を利するために、農業の研究開発はそこに住む人びと、彼らの知識、土着の自然資源など既存の資源を活用して構築される「ボトムアップ型の」アプローチに基づくべきだと主張した。それはまた、参加型アプローチを通じて、小規模農家のニーズと願望、事情を真剣に考慮せねばならないとされた［Richards 1985］。

　土着の知識と技術に関する研究および農村開発の理論も、アグロエコロジーの成長にとって不可欠な要素となった。Hernández-Xolocotzi（1977）、Grigg（1974）、Toledo et al.（1985）、Netting（1993）、van der Ploeg（2009）のような人類学者、社会学者、地理学者、民族生態学者の業績に依拠しながら、アグロエコロジストは、貧困層を利する新たな農業開発アプローチの出発点は何世紀にもわたり伝統的な農家が発展させ受け継いできたシステムそのものにあると論じた［Astier et al. 2015］。資源に乏しい農家が実践してきた伝統的な作物管理の総体は、これら小農が抱える身近な生物物理的、社会経済的な条件によく適応した新たな農業生態系を創ろうとする者にとって、豊かな資源にほかならなかった。Chambers（1983）が広めた「農民ファースト」アプローチに触発され、多くのアグロエコロジストは、農村開発が成功するための重要な要素としてプロジェクトのすべての段階（デザイン、実験、技術開発、評価、普及等）においてローカル・コミュニティを含めるようになった。今や、農村住民の創意にあふれた自律性は、すぐにかつ効果的に動員すべき資源であるとアグロエコロジストの間で広く認識されている。1980年代初頭以降、伝統的知識と現代農業

科学の双方を組み込んだ幾百ものアグロエコロジー的なプロジェクトが、ラテンアメリカと他の開発途上地域において NGO により促進されてきた。システムとして資源保全的でありながら生産性の高いことを特徴とする様々なプロジェクトが出現した［Altieri 1999］。アグロエコロジーは非常に知識集約的である。その専門的な技術（技能）はトップダウンでは伝えることができず、（農民たちの）知識と試行錯誤を基に発展させねばならない。このためアグロエコロジーにおいては、農民主導で農民間で伝達される草の根のアプローチを通じて、ローカル・コミュニティがイノベーションを試し、評価し、拡散する能力が重視される。多様性、相乗効果、再利用や統合を強調する技術的アプローチ、およびコミュニティの関与を評価する社会的プロセスが示すのは、農村住民とりわけ資源に乏しい農家の選択肢を増やすことを目指すあらゆる戦略において、人的資源の開発が土台をなすことである［Holt-Gimenez 2006; Rosset 2015］。データの示すところでは、アグロエコロジーの考え方に基づいて管理されたファーミングシステムでは一般に、単位面積あたりの総生産は安定しており、経済的に良好な収益率が得られ、小規模農家とその家族が暮らすのに十分な労働その他の投入への対価をもたらし、土壌の保護・保全と生物多様性の向上も確保される［Pretty 1995; Uphoff 2002］。

　ラテンアメリカにおけるアグロエコロジーの拡大は、認識上、技術上および社会政治上の興味深いイノベーションのプロセスを引き起こした。それらは、革新的な政府の出現および小農や先住民族による抵抗運動といった新たな政治動向と密接に結び付いている。このように、アグロエコロジーの新しい科学的、技術的パラダイムは、社会運動や政治過程と不断に影響し合う中で形成されつつある［Martínez-Torres and Rosset 2010, 2014; Rosset and Martínez-Torres 2012; Machado and Machado Filho 2014］。アグロエコロジー革命の技術的な特徴は、緑の革命的なアプローチが種子と化学投入財のパッケージ化と「特効薬」レシピを強調したのと対照的に、農家のローカルな社会経済的ニーズと生物物理的条件に応じてそれが異なる技術形態を取ることに現れている。アグロエコロジーにおけるイノベーションは、農民同士の水平な関係性による参加を通じて生まれ、それに適した技術は標準化されずに柔軟で、その個別的な状況に反応し適応したものとなる。

　以下にみるような認識論上のイノベーションがアグロエコロジー革命を特徴付けてきた［Altieri and Toledo 2011］。

- アグロエコロジーは、ポリティカル・エコロジー、エコロジー経済学、民族生態学をはじめとする学際的な他の学問分野の成果を取り入れつつ、自然的過程と社会的過程を統合する。
- アグロエコロジーは全体論的なアプローチをとる。それ故、超域的であると長らくみなされてきた。社会的・生態的なシステムとしての農業生態系の概念を軸に、複数の他分野における新たな知見や方法を統合するからである。
- アグロエコロジーは中立を装うことはなく、自己省察的であり、慣行農業のパラダイムへの批判を提示する。
- アグロエコロジーは地域独自の知恵と伝統の価値を認め、参加型の研究を通して、地域の主体と対話しながら、新たな知識の絶えざる創造をもたらす。
- アグロエコロジーは、従来型の農学に特徴的な短期的で原子論的な見方とは大きく異なり、長期的なビジョンを掲げる。
- アグロエコロジーは、生態倫理および社会倫理を含み、自然に優しく社会的に公正な生産の諸システムを構築するという研究目標を掲げる科学である。

3　小農研究と再小農化

　現代のアグロエコロジーと小農研究のかかわりは深い。Eduardo Sevilla Guzmán 等の農村社会学者は、社会科学と社会理論におけるアグロエコロジー的な思想の起源を、ネオ・ナロードニズム[*]と自由主義的な異端のマルクス主義 [Guterres 2006; Sevilla Guzmán 2006, 2011; Sevilla Guzmán and Woodgate 2013] に求めているが、とりわけチャヤノフ（Chayanov）[**]の独創的な思想の影響（van der Ploeg（2013）を参照）が大きいと論じている。Sevilla Guzmán と van der Ploeg (2009, 2013) はこれらの思想の価値を再評価する代表的な論者といえるだろうが、彼らによれば、その基礎は初期の農業工業化プロセスへの対抗として出現

---

[*] ナロードニズムとは19世紀後半のロシアで広まった革命運動であり、都市の労働者ではなく農村コミュニティに基礎をおこうとした点でアグロエコロジーに通じるものがある。
[**] チャヤノフ（1888〜?）はロシアの農業経済学者。

した農業社会思想や運動にあり、資本主義的近代化とそれへの抵抗運動との間の今も続く弁証法へと発展してきた。このようにアグロエコロジーは社会的な文脈に埋め込まれた応用科学とみなされ、生産の資本主義的な関係を問題視し、農民による社会運動と連携する。この点でアグロエコロジーは、ラテンアメリカにおける小農性（campesinado）は徐々に消滅していくと予測する「脱小農論者（descampesinistas）」と小農性は資本主義経済の周縁で自身を再生産し続けることができると信ずる「小農論者（campesinistas）」の間の論争に大いに影響を受けた。

　Jan Douwe van der Ploeg（2009）は今日の小農について理論提起を行っている。彼は「小農」そのものを定義付ける代わりに、自律性を一貫して追求することにより特徴付けられる「小農的条件」あるいは「小農的原理」を定義する。

　　　それから、小農的条件の中心にあるのは、依存関係や周縁化、剥奪により特徴付けられる文脈の下で生じる自律性の追求である。それは資源基盤を自らがコントロールし発展させることを目指し、実現するものである。それにより人間と自然の協働を通じた生産が可能となるが、そこでは市場とかかわりながら生存と将来への見通しを得ることができ、フィードバックを通じて資源基盤が強化され、共同生産プロセスが改善し、さらに自律性の拡大と依存性の縮小がもたらされる。最後に、これらの相互作用を調整し強化する協調のかたちが存在する（2009: 23）。

　この定義では2つの特徴が際立っている。第1に、小農は資源基盤（土壌や生物多様性等）を強化するように自然との協働を通じた生産に励む。第2に、格差と不平等な取引により特徴付けられる世界で、外部への依存を減らすことを通じて、小農はまさに（相対的な）自律のため努力を重ねる。van der Ploeg（2009）によれば、小農は、資源基盤の強化と投入財と金融市場（それらは負債をもたらす）からの自律を可能にする手段として、アグロエコロジーに取り組むだろう。依存を減らしてより自立的であるためにアグロエコロジーを活用すること——企業家的な農家が小農に戻ることもある——は、彼が「再小農化」（2009）と呼ぶところの1つの軸をなす。再小農化のもう1つの軸は、農地改革、農地占拠や他のメカニズムを通してアグリビジネスや他の大地主から農地とテリトリーを獲得することである［Rosset and Martínez-Torres 2012］。

　農家が投入依存型の農業から地域にある資源に基づくアグロエコロジーへと移行するとき、彼らは「より小農化」する。アグロエコロジーの実践は、伝統的な小農のそれに似ており、しばしばそれに依拠している。このため、移行を通じて再小農化が起こる。そして、アグリビジネスが土地を生態的にも社会的にも不毛なものとするのに対し、生態系に配慮した農業により小農が土地を回復するとき、アグロエコロジーはテリトリーを小農のテリトリーとして設定し直す。というのも、アグロエコロジーを通じてテリトリーが再小農化されるからである。逆に、小農がさらなる依存、工業的な農業技術の利用、市場との関係の深まりや負債の悪循環に引き込まれるとき、それは「脱小農化」現象の1つの軸をなす。もう1つの軸は、土地収奪にかかわる企業や国家が小農を土地とテリトリーから追い出し、それらをアグリビジネスや鉱業、観光ないしインフラ開発のためのテリトリーに再設定することにある［Rosset and Martínez-Torres 2012］。

　再小農化と脱小農化という対をなすプロセスは、状況の変化に応じて行きつ戻りつする［van der Ploeg 2009］。1960年代と70年代の緑の革命の全盛期には、小農はそのシステムにまとめて組み込まれ、彼らの多くは企業家的な家族経営農となった。しかし今日では、van der Ploeg（2009, 2010）に従えば、負債の増大と市場による社会経済的排除に直面する中で、むしろ再小農化の傾向にある。それを証明する説得力あるデータを用いて、彼は市場に最も統合された先進諸国の農家でさえ、銀行、投入財や機械の供給業者、仲介業者からの自立度を高めることにより、再小農化に向けて（多くは小さな歩みながらも）進みつつあることを示した。彼らの中には有機農家になる者さえいる。別言すれば、一部の市場では、参入者よりも退出者の方が目立つようになっている［Rosset and Martínez-Torres 2012］。

　再小農化を示唆する数値として、アメリカやブラジルのような国において農場数と農業就業者の長期的な減少趨勢が止み、上昇さえみられることが挙げられる［Rosset and Martínez-Torres 2012］。事実、小規模な家族農場と大規模な商業的農場（アグリビジネス）の双方の数が増える一方で、中規模の農場数が減少していることがみて取れる。言い換えれば、今日の世界では、再小農化と脱小農化の流れの中で、中規模の（起業家的）農家が失われつつある。そして我々は、アグリビジネスとそれに抵抗する小農との間において、物質的および非物質的なテリトリーをめぐるグローバルな争いを目にすることも増えている［Rosset and Martínez-Torres 2012]。このような背景から、おそらく世界最大の超国家的な社会運動となったビア・カンペシーナ [Desmarais 2007; Martinez-Torres and Rosset 2010] は、1992年以降、抵抗と再小農化、テリトリーの再設定における主要な生体としてアグロエコロジー的に多様化された農業を推進するようになった [Sevilla Guzmán and Alier 2006; Sevilla Guzmán 2006]。もちろん、このいく分様式化された二分法は、アグリビジネスと小農のアイデンティティの双方を維持する一定数の中規模農家がいなくなったことを意味するものではない。

　ビア・カンペシーナのように小農や先住民族の組織をベースとする多くの農民運動は、大規模で輸出主導の自由貿易を志向する工業的な農業モデルを変えることによってのみ、貧困、低賃金、農村から都市への人口流出、飢えと環境悪化という悪循環を断ち切ることができると考えている [LVC 2013]。これらの運動は、食の主権の要としてアグロエコロジーの概念を進んで受け入れる。食の主権は、ローカルな自治、ローカルな市場、および土地・水・農業生物多様性などにアクセスしコントロールするためのコミュニティの行動に焦点を当てる。食料の地産のためにそれらが非常に重要だからである。

　多くの小農組織と先住民族の組織は、アグロエコロジーを小規模農業の技術的基礎として取り入れており、農民間のネットワークや草の根の教育プロセスを通じて何千人ものメンバー内にそれを積極的に促進している [LVC 2013; Rosset and Martínez-Torres 2012]。以下は、アグロエコロジーが多くの農村の社会運動に受け入れられてきた5つの主な理由である。

1. アグロエコロジーは、集団行動を通じて農村の現実を転換するよう社会に働きかける手段であり、食の主権を達成し、小農およびその家族とローカルな市場に身体によい食べ物を行き渡らせるための礎をなす。
2. アグロエコロジーは伝統的で大衆的な知識に基づいており、またそれと西洋の科学的なアプローチとの対話を促すため、文化的にも受け入れやすい。
3. アグロエコロジーは、人類が母なる大地と調和しそれを大切にしながら生きていくことを可能にする。
4. アグロエコロジーは、土着の知識や農業生物多様性、身近な資源の利用を重視し、外部投入財への依存を避け（相対的な）自律性を促すことにより、経済的に存続可能な技術を提供する。

5. アグロエコロジーは、小農の家族やコミュニティが気候変動の影響に適応し抵抗する手助けとなる。

農村運動の側にはアグロエコロジーを推進する利点や関心があるにもかかわらず、その普及を阻む要因が中にも外にも存在する（第4章で論じられる）。

4　オルタナティブな農業の他の潮流

オルタナティブな農業には様々な取り組み方がみられるが、それらは程度の差こそあれ、アグロエコロジーの原理と実践を試みようとするものである。その中には、バイオダイナミック農法、有機農業、パーマカルチャー、自然農法などが含まれる。これらはすべてアグロエコロジーの原理に則った多様な新しい実践を通じて、化学的に合成された農薬や肥料、抗生物質への依存を減らし、生産費用を抑え、さらに工業的な農業生産による環境への負の影響を削減しようとする。

有機農業（Organic Farming）

有機農業の例からいくと、それは世界のほぼすべての国々で実践されている。農地と農場数にそれが占める割合は高まっており、有機認証を受けた農地面積は地球全体で3000万ha以上に及ぶ。有機農業は、合成肥料や農薬を極力使用しないことにより農業の生産性を維持する生産システムである。有機農家はそれらの代わりに、輪作、被覆作物、緑肥、作物の残渣、家畜の糞尿、マメ科植物、農場外の有機廃棄物、機械による耕転、天然鉱石、生物学的害虫制御などを多用することで、土壌の生産性と易耕性を維持し、植物に栄養分を与え、病害虫と雑草を制御しようとする［Lotter 2003］。

スイスの複数の研究者が、有機農法と慣行農法の農学的および生態学的なパフォーマンスを21年間にわたって比較している。それによると、有機農法においては肥料とエネルギーの投入は31～53％少なく、殺虫剤の使用は98％少なかった一方で、作物の収量の減少幅は20％にとどまった。有機農場における土壌の肥沃度の改善と生物多様性の向上によって外部の投入財への依存度が減ったというのが、研究者の結論である［Mader et al. 2002］。

アグロエコロジー的な原理に基づく有機農業は、土壌の有機物と生物相を豊

かにし、炭素を隔離し、病虫害と雑草の被害を最小化し、土壌と水、生物多様性を保全する。さらに、最適な栄養価と質を有する作物を作ることで長期的な農業生産性を高めるのである［Lampkin 1992］。

　残念なことに、認証を受けた有機のファーミングシステムの約80％はモノカルチャーであり、害虫を制御し土壌の肥沃度を高めるため、外部の（有機ないし生物学的）投入財に大きく依存している。第 1 章で述べたように、単作の構造には手を加えることなくこうした実践を進めても、高投入システムからの脱皮あるいは農業システムのより生産的なリデザインにはほとんど役立たない。この体制に従う農家は、概して高価である様々な有機投入財の供給業者（その多くは企業）に依存し続けるという投入代替の罠に陥っている［Rosset and Altieri 1997］。

　アグロエコロジストによる「慣行」有機農業への批判は、モノカルチャー式のプランテーション（大規模農園）や外部資材への依存に立ち向かわずにいることに尽きるものではない。有機農家の多くは、海外のもしくは高価な認証ラベル、そして農産物輸出にのみ照準をあてたフェアトレード・システムに依存しているため、不安定な国際市場に翻弄されることになる［Holt-Gimenez and Patel 2009］。有機食品に対する需要が増加していることに疑いの余地はないが、それはもっぱら高所得層、特に先進国の高所得層に限られている。グローバル化された経済において有機食品の市場ニッチを開拓することは、資本へのアクセスのある者に特権を与え、「富者のための貧者の農業」を恒久化してしまう。スローフード運動が追求するような「クリーンで公正で良質の食べ物」あるいはコーヒーやバナナ等のフェアトレードで扱われる食品は、主に先進諸国の富裕層が享受している。有機市場に途上諸国が参入したものの、生産のほとんどが輸出に向けられ、これら貧困国の食の主権あるいは食料安全保障にはほとんど役立っていない。有機農産物が国際的な商品として取引されることが増えるにつれ、慣行農業を支配する同じ多国籍企業が徐々にその流通を担うようになる。地産地消を通じて持続可能な農業を支援する欧米の運動でさえ、有色人種や低所得層を射程の外においてきた。彼らは食の砂漠*) に住んでいるため、健康で持続可能な食べ物へのアクセスを構造的に奪われてきたのである［Holt Giménez and Shattuck 2001］。有機認証を取得できる農家ないし企業の耕地面

---

*）食の砂漠とは、栄養価の高い食べ物を手ごろな価格で手に入れるのが困難な地域のこと。

積に上限が設けられていないことで、今や大企業がその流行に加わり、小規模な有機農家を追い払いつつある[Howard 2016]。カリフォルニアでは、有機農作物の生産額の半分以上が２％の生産者によるものであり、彼らの売り上げは平均で50万米ドル以上に達する。これに対し、売り上げが１万ドル以下の生産者は75％を占めるが、総売り上げに占める比率は５％に過ぎない。カリフォルニアでは、有機食品の総売り上げのわずか７％が小規模の地元農家によるものであり、81％は大規模な加工業者や配送業者、卸売業者や仲介業者を介したものである。単一の企業の下に複数の農場と梱包工場、地域拠点が統合されるには、大企業的なビジネス慣行を取り入れる必要がある。このシステムは、ピラミッドの頂点にいる者の富と権力を増すのには優れているが、コミュニティによるローカルなコントロールという初期の有機農業運動を鼓舞してきた目標には反する。既に観察されるのだが、有機産業がひとたび大企業に支配されたら、富裕層向けのニッチ市場に焦点があてられ、ローカルなコミュニティの価値が脇に追いやられるのは避けられない[Guthman 2014]。

　さらに、有機認証プロトコル（規約）のほとんどでは、有機生産物の評価項目として、社会的配慮を含めていない。その結果、今日のカリフォルニアでは、同じ有機農産物であっても、環境への配慮はあるとはいえ農業労働者を搾取しながら生産された有機農産物を買うことができる[Cross et al. 2008; Guthman 2014]。一般に、農業労働者の生活条件、労働慣行と賃金において、有機農業と慣行農業の間に大きな違いはない。これが、たとえば、農業労働者の組合が有機農業をあまり支持しない理由であろうか？　言うまでもなく、有機農業は生態学的にも社会的にも持続可能でなければならない。そのためには、有機農業の技術は、社会的かつ生態学的な持続可能性という根底にある価値を高める社会的諸関係に組み込まれていなければならない。

　投入財の代替と輸出市場を重視する有機農法推進者が囚われている「技術決定論」は、資本主義的な農業に比較的好意的な視点を持つ集団の特徴をよく表している。彼らは、有機農産物が富者に消費される国際商品としてますます取引されるようになっていること、その生産も分配も慣行農業を支配する同じ多国籍企業に徐々に乗っ取られつつあることを無視している[Rosset and Altieri 1997; Howard 2016]。商業的で輸出志向の有機農業を取り巻く複雑な争点を無視すると、有機農業がもともと描いていた農業のあり方についてのビジョンを損なうことになる。有機農業は地産地消を強化するために、多様で小規模な農業

の復興を展望していたが、現在の農業構造を与件として認めてしまうと、その構造に立ち向かおうとするオルタナティブを実現する現実的な可能性を狭めてしまうからだ。単に代替的な農業技術を導入するだけでは、モノカルチャー生産や農業の大規模化と機械化をもたらしてきた趨勢を変えることにはならないだろう［Altieri 2012］。

フェアトレード

　小規模農家に有利な価格付けがなされることで貧困を削減しようとする試みとして、いわゆる「フェアトレード」運動がある。同運動は、コーヒー、カカオ、茶、バナナ、砂糖といった商品について倫理的な消費を目指す世界的な運動を主導している。フェアトレードは、コストコ、サムズ・クラブ、シアトルズベスト、ダンキンドーナッツ、スターバックス、マクドナルドといった大企業やブランドがフェアトレード認証のコーヒーを提供するようになったとき、市場の急速な拡大をみた［Jaffee 2012; Jaffee and Howard 2016］。これらの企業は、その労働条件あるいは環境への配慮においてひどいあり様であっても、アメリカのフェアトレード認証というお墨付きを得た。2005年にはフェアトレード市場は5億ドル規模にまで急増した。その中で最も急成長を遂げたのがスペシャルティ・コーヒー[*]の市場である。ここまでの成長を遂げたのはフェアトレードが輸出に注力したからだが、その反面、生産地の食の主権と食料安全保障にはほとんど貢献していない。良い価格でコーヒーを買ってもらえる農家は一部に過ぎないため、農村コミュニティ内に格差をもたらすこともあった。フェアトレード企業は、構造変化──農業の WTO からの除外、NAFTA をはじめとする自由貿易地域協定の廃止など──を求める他の社会運動には加わっていない。このため、持続可能であるだけでなく地域に根差し社会的に公正でもある食料生産を追求する農村の社会運動や政府の政策を支持するものでもない［Holt Giménez and Shattuck 2011］。

環境保全生物学者の見解

　保全生物学者は伝統的に農業を自然保護に敵対するものとみなしてきた。だ

---

[*]　「フェア」であることや持続可能性も要件に含まれるが、何よりも品質の高さを認められたコーヒーのこと。

が、世界全体で15億 ha の土地を占める農業は生物圏を変える主要な力となっており、それに向き合わざるを得ないことを徐々に受け入れるようになった。各地域および地球規模での生物多様性の改善を求めて、また緑の革命のおかげで収量が高まり農地の必要性が減ったことから何百万 ha もの森林や野生生物が救われたと主張する慣行農学者の影響を受けて、多くの保全生物学者は「土地の節約（land sparing）」という概念を採用している。これは、慣行的な集約化によってより少ない土地でより多くの食料を生産できるようになることを通じて、保全のための土地を「節約する」という考え方である。だが、それは、工業的農業やプランテーション、企業的な牧畜経営が世界中の生物多様性の主要な破壊者でもあるという事実を無視している。これとは対照的に、「土地の共有（land sharing）」という概念は、アグロエコロジー的な農業を通じて生物多様性を活かした農業が営まれることによって農業景観がモザイクまたはマトリクスのように構成される状況を表したものである [Perfecto, Vandermeer and Wright 2009; Grau, Kuemmerle and Macchi 2013]。Kremen（2015）は、「土地節約」か「土地共有」かという二分法は生物多様性の保全のための選択肢を2つに絞り、将来の可能性を狭めてしまうと説く。

エコ農業

　野生生物に優しい農法の推進に関心を寄せる多くの人びとが採用するのがエコ農業という考え方である。それは、特に生物多様性のホットスポットが多く存在する南の国々において、農業の集約化によって野生生物の保護を達成できると主張する。しかし、それらの地域は貧困層が集中し、彼らが生き延びるために野生生物の生息域を開拓せざるをえない場所でもある [McNeely and Scherr 2003]。エコ農業推進者の主張は、農業近代化による生態系の健全性への影響を緩和する最も優れた方法は、ha あたりの収量を増やすよう新技術を用いて生産を集約化し、そうすることでさらなる農業の拡大から自然林と野生生物の生息域を守るというものである。エコ農学者にとって、結果的に鳥や他の動物の保全に最も効果があるのであれば、それが大規模で多投入、高収量型のモノカルチャーと生物多様性保全のための自然保護区の組み合わせであろうと、自然の植生に囲まれた小規模で多様化された農業（アグロフォレストリーによるコーヒー生産）によるものであろうと、違いはない。環境上、社会上「合理的な」費用で達成できる限り、最終目標は野生生物の保護である。食料ニーズを

満たすため収量を増やすことばかりを重視すると環境が大きく損なわれ得るのは確かだとしても、自然保護を唯一の目標にしてしまうと、何百万もの人びとに飢餓と貧困を強いるかもしれないのである［Altieri 2004］。

　土地の節約か共有かという論争は、現代の喫緊の 2 つの課題——増大する人口を養いつつ生物多様性を保全する——について必要な論議を喚起したという点で、非常な成功を収めてきた［Fischer et al. 2014］。2 つの保全メカニズムに議論を限定することは、食料生産と土地不足の折り合いをつけるのには適している。だが、食の主権について、および土地やその他の資源、食料システムを誰がコントロールしているのかについては何もいわない。異なる目標のトレードオフを明らかにするのには役立つものの、どちらが社会的に望ましいかについては何も語ってくれない。生物多様性に関する答えは、生物多様性をいかに定義し、測るかによって変わってくるからである。

5　自然のマトリクス

　Perfecto, Vandermeer and Wright（2009）は、より実現の見込みのある保全戦略として「自然のマトリクス」を提案している。自然のマトリクスは、生物多様性の保全、食料生産と食の主権（すなわち、食料の生産者と消費者の権利）はすべて相互に関連する目標であるとみなす。このマトリクス・モデルは、農業は自然保護に敵対するという前提に異を唱える。重要なのは農業の存在自体ではなく、どのような農業を営むかである。つまるところ、工業的農業は世界を養うだけの食料を生産するのに必要であるという通念に反して、アグロエコロジーの手法を取り入れている小農や小規模家族農家は工業的農業と同等（ないしそれ以上）に生産的であり得ることがエビデンスによって示されている。こうして小規模で持続可能な農場で構成される農業マトリクスによって、現今の食料危機と生物多様性危機の双方の解決に役立つウィン・ウィンの状況を創り出すことができる。

6　エコフェミニズム

　キャロリン・マーチャント（Carolyn Merchant）やヴァンダナ・シヴァ（Vandana Shiva）をはじめとするエコフェミニストは、近代の西洋科学の認識論

的起源を植民地主義、資本主義、家父長制との具体的な関連性に置き、それらが近代史を通じてもたらしてきた認識論的および物理的な暴力と密接に結び付いていると長い間主張してきた［Merchant 1981; Mies and Shiva 1993］。彼らは還元主義的な科学と技術による自然への蹂躙を家父長制的な思考と同一視し、自然の支配と男性による女性の支配との類似性を指摘する（Levins and Lewontin 1985も参照）。彼らは、エコフェミニズムに特にいえるが、エコロジカルで全体論的な思考全般を、自然と共に生きるというより女性的な認識と行動の原理を表すものと捉える。そうした思考例の中には、「善き生（buen vivir）」という先住民族の認識と行動の原理として最近南アメリカで知られるようになった、他者および母なる大地との「共生」の論理も含まれる［Giraldo 2014］。工業的なモノカルチャーが家父長制的思考を農業に適用した典型に他ならないとしたら、その対極にあるアグロエコロジーはフェミニズムに真に根差すものである。

　最近では、女性の小農と家族農家が、しばしばアグロエコロジーへの転換プロセスの顕在的あるいは潜在的な主役であると多くの論者が認めるようになっている［Siliprandi 2005; Siliprandi and Zuluaga 2014］。男性のリーダーと比べると過少でありがちとはいえ、女性も数多くの社会運動プロセスにおいて公的なリーダーの役割を果たしている。しかし、目にみえる形のリーダーではなくとも、アグロエコロジー的な転換プロセスの成功例を掘り下げるならば、典型的にはまさに女性こそ、最初に危険な殺虫剤の使用の中止に踏み切り、健康な食料の生産に乗り出した——女性は家族の健康と栄養に関心がある——ことが分かる。

　小農ないし家族農家の世帯を含む世界中で、家父長制、性差別、男女間の不平等および家庭内暴力は、女性だけでなく世帯成員全体の生活の質に影響を及ぼす。モノカルチャー、化学投入財の利用と機械化とに基づく緑の革命型の慣行農業は、男性の家長以外の世帯成員に居場所を与えない。機械を管理するのも、殺虫剤を撒くのも、一年の収穫からの所得を集めるのも、男性だけである。これにより、家族の中での家長の強力な役割が強化される。多くの場合、家長がすべてを排他的に決定する。他の成員に残された役割は家長を助けることに過ぎない。

　キューバでの幅広い経験は、アグロエコロジーがこれらの傾向をよい方向に変え始めていることを示している。アグロエコロジーは小農世帯の所得を増やし多様化させ、また（核家族を超えて）拡大家族全体の責任の多様化をもたらす。モノカルチャーからアグロエコロジー的に多様化された農業への転換の過程で、

小農世帯成員の義務と責任も多様化する。農家が商業的なモノカルチャーに専念しているとき、すべてを決定し、投入財を購入し、土地を整え、作物を収穫し売って所得を手にするのは通常男性である。だが、アグロエコロジー的な転換に伴い、作物、樹木、家畜およびそれらを世話する責任が多様化するようになると、世帯成員のそれぞれが果たすべき役割を持ち、時には独立した収入源を有するようになる。たとえば、女性は家畜を世話する責任を担うほか、裏庭で草木や野菜を育てるかもしれない。女性はしばしばバーミカルチャー（ミミズ堆肥）を担うが、中には近隣の女性と共同で取り組む者もいる。また、若者が、特定の家畜を育て所得を得る等、自らのプロジェクトに励むこともよくみられる。年長者についていうと、果樹園を持ち、時にジャムを作って売るかもしれない。アグロエコロジーを実践する農家にとって、これらの機会すべては小農世帯の（再）統合を促し、各世帯成員はより自律的になり、自らが責任を持つ分野での決定権さらには所得さえ手に入れる。これらの変化が積み重なるうちに、慣行モノカルチャーにおいて典型的にみられる家族内での男性の家父長的な権力は弱まっていく［Machín Sosa et al. 2010, 2013］。

　フェミニズムはアグロエコロジーにかかわる重要な思想の1つであり、アグロエコロジーの実践プロセスにおいても欠かせぬ要素であり得る。また、こうした実践が逆にフェミニズムを強化することもある。

参考文献

Altieri, M.A. 1983. "The question of small development: Who teaches whom?" *Agriculture Ecosystems and Environment*, 9: 401–405.

＿＿＿. 1987. *Agroecology: The Scientific Basis of Alternative Agriculture*. Boulder, CO: Westview Press.

＿＿＿. 1995. *Agroecology: The Science of Sustainable Agriculture*. Boulder, CO: Westview Press.

＿＿＿. 1999. "Applying agroecology to enhance productivity of peasant farming systems in Latin America." *Environment, Development and Sustainability*, 1: 197–217.

＿＿＿. 2002. "Agroecology: The science of natural resource management for poor farmers in marginal environments." *Agriculture, Ecosystems and Environment*, 93: 1–24.

＿＿＿. 2004. "Agroecology versus Ecoagriculture: Balancing food production and biodiversity conservation in the midst of social in-equity." <http://www.wildfarmalliance.org/resources/ECOAG.pdf>.

＿＿＿. 2005. "The myth of coexistence: Why transgenic crops are not compatible with agroecologically based systems of production." *Bulletin of Science, Technology & Society*, 25, 4: 361–371.

＿＿＿. 2012. "Convergence or divide in the movement towards sustainable and just agriculture."

Sustainable Agriculture Reviews, 9.

Altieri, M.A., Andrew Kang Bartlett, Carolin Callenius, et al. 2012. *Nourishing the World Sustainably: Scaling Up Agroecology*. Geneva: Ecumenical Advocacy Alliance.

Altieri, M.A., D.K. Letourneau, and J.R. Davis. 1983. "Developing sustainable agroecosystems." *American Journal of Alternative Agriculture*, 1: 89–93.

Altieri, M.A., and C.I. Nicholls. 2004. *Biodiversity and Pest Management in Agroecosystems*, 2nd edition. Binghamton, NY: Harworth Press.

_____. 2008. "Scaling up agroecological approaches for food sovereignty in Latin America." *Development*, 51, 4: 472–80. <http://dx.doi.org/10.1057/dev.2008.68>.

_____. 2012. "Agroecology: Scaling up for food sovereignty and resiliency." *Sustainable Agriculture Reviews*, 11.

_____. 2013. "The adaptation and mitigation potential of traditional agriculture in a changing climate." *Climatic Change*.

Altieri, M.A., C.I. Nicholls, A. Henao and M.A. Lana. 2015. "Agroecology and the design of climate change-resilient farming systems." *Agronomy for Sustainable Development*, 35: 869–890.

Altieri, M.A., F. Funes-Monzote and P. Petersen. 2011. "Agroecologically efficient agricultural systems for smallholder farmers: Contributions to food sovereignty." *Agronomy for Sustainable Development* 32, 1.

Altieri, M.A., and V.M. Toledo. 2011. "The agroecological revolution in Latin America: Rescuing nature, ensuring food sovereignty and empowering peasants." *Journal of Peasant Studies*, 38: 587–612.

Astier, C.M., Q. Argueta, Q. Orozco-Ramírez, et al. 2015. "Historia de la agroecología en México." *Agroecología*, 10, 2: 9–17.

Azzi, G. 1928. *Agricultural Ecology* (in Italian). Edition Tipografia Editrice Torinese, Turin.

Balfour, Lady Evelyn Barbara. 1949. *The Living Soil: Evidence of the Importance to Human Health of Soil Vitality, with Special Reference to National Planning*. London: Faber & Faber.

Bensin, B.M. 1930. "Possibilities for International Cooperation in Agro-Ecological Investigations." *Int. Rev. Agr. Mo. Bull. Agr. Sci. Pract.* (Rome) 21: 277–284.

Browning, J.A. 1975. "Relevance of knowledge about natural ecosystems to development of pest management programs for agroecosystems." *Proceedings of the American Phytopathology Society*, 1: 191–194.

Carroll, C.R., J.H. Vandermeer and P.M. Rosset. 1990. *Agroecology*. New York: McGraw-Hill.

Chambers, R. 1983. *Rural Development: Putting the Last First. Essex*, Longman Group Limited.

Conway, G.R. 1986. *Agroecosystem Analysis for Research and Development.* Bangkok: Winrock International Institute.

Cross, Paul, Rhiannon Edwards, Barry Hounsome and Gareth Edwards-Jones. 2008. "Comparative assessment of migrant farm worker health in conventional and organic horticultural systems in the United Kingdom." *Science of the Total Environment*, 391, 1: 55–65.

Cox, G.W., and M.D. Atkins. 1979. *Agricultural Ecology*. San Francisco, CA.: W.H. Freeman.

Dalton, G.E. 1975. *Study of Agricultural Systems*. London: Applied Sciences.

Desmarais, A.A. 2007. *La Vía Campesina: Globalization and the Power of Peasants*. Halifax, Canada:

Fernwood Publishing; London, UK and Ann Arbor, MI: Pluto Press.

Dickinson, J.D. 1972. "Alternatives to monoculture in humid tropics of Latin America." *The Professional Geographer*, 24: 217–232.

Douglass, G.K. 1984. *Agricultural Sustainability in a Changing World Order*. Boulder, CO: Westview Press.

Draghetti, A. 1948. *Pincipi de fisiologia dell'a fazenda agricole*. Bologna, Italy: Istituto Edizioni Agricole.

Fischer, J., D.J.Abson, V. Butsic, et al. 2014. "Land sparing versus land sharing: Moving forward." *Conservation Letters*, 7, 3:149–157.

Francis, C., G. Lieblein, S. Gliessman, et al. 2003. "Agroecology: The ecology of food systems." *Journal of Sustainable Agriculture*, 22: 99–118.

Giraldo, O.F. 2014. *Utopías en la Era de la Superviviencia. Una Interpretación del Buen Vivir*. México: Editorial Itaca.

Gliessman, S.R. 1998. *Agroecology: Ecological Processes in Sustainable Agriculture*. Chelsea, MI: Ann Arbor Press.

_____. 2007. *Agroecology: The Ecology of Sustainable Food Systems*. New York: Taylor and Francis.

Gliessman, S.R., E. Garcia, and A. Amador. 1981. "The ecological basis for the application of traditional agricultural technology in the management of tropical agro-ecosystems." *Agro-Ecosystems*, 7: 173–185.

Grau, R., T. Kuemmerle and L. Macchi. 2013. "Beyond 'land sparing versus land sharing': environmental heterogeneity, globalization and the balance between agricultural production and nature conservation." *Current Opinion in Environmental Sustainability*, 5: 477–483.

Grigg, D.B. 1974. *The Agricultural Systems of the World: An Evolutionary Approach*. Cambridge, Cambridge University Press.

Guthman, J. 2014. *Agrarian Dreams: The Paradox of Organic Farming in California*. Berkeley: University of California Press.

Gutteres, Ivani (ed.). 2006. *Agroecologia Militante: Contribuições de Enio Guterres*. São Paulo: Expressão Popular.

Hart, R.D. 1979. *Agroecosistemas: Conceptos Básicos*. CATIE, Turrialba, Costa Rica.

Heckman, J. 2006. "A history of organic farming: Transitions from Sir Albert Howard's War in the Soil to usda National Organic Program." *Renewable Agriculture and Food Systems*, 21: 143–150.

Hecht, S.B. 1995. "The evolution of agroecological thought." In M.A. Altieri (ed.), Agroecology: The science of sustainable agriculture. Boulder, CO: Westview Press.

Hénin, S. 1967. "Les acquisitions techniques en production végétale et leurs applications." *Économie Rurale*, 74, 1: 45–54. sfer, Paris, France.

Hernández-Xolocotzi, E. 1977. *Agroecosistemas de México: Contribuciones a la enseñanza, investigación y divulgación agrícola*. Chapingo, México: Colegio de Postgraduados.

Holt-Giménez, E. 2006. *Campesino a Campesino: Voices from Latin America's Farmer to Farmer Movement for Sustainable Agriculture*. Oakland: Food First Books.

Holt-Gimenez, E., and R. Patel. 2009. *Food Rebellions: The Real Story of the World Food Crisis and What We Can Do About It*. Oxford, UK: Fahumu Books and Grassroots International.

Holt Giménez, E. and Shattuck, A., 2011. "Food crises, food regimes and food movements: rumblings of reform or tides of transformation?" *Journal of Peasant Studies*, 38(1), pp.109-144.

Howard, A. 1943. *An Agricultural Testament*. New York and London: Oxford University Press.

Howard, P.H. 2016. *Organic Industry Structure: Acquisitions & Alliances, Top 100 Food Processors in North America*. East Lansing: Michigan State University.

Igzoburike, M. 1971. "Ecological balance in tropical agriculture." *Geographic Review*, 61, 4: 521–529.

Jaffee, D., 2012. "Weak coffee: certification and co-optation in the fair trade movement." *Social Problems*, 59, 1: 94–116.

Jaffee, D., and P.H. Howard. 2016. "Who's the fairest of them all? The fractured landscape of US fair trade certification." *Agriculture and Human Values*, 33, 4: 813–826.

Janzen, D.H. 1973. "Tropical agroecosystems." *Science*, 182: 1212–1219.

King, F.H. 1911. "Farmers of forty centuries or permanent agriculture in China, Korea and Japan." <https://internationalpermaculture.com/files/farmers_of_forty_centuries.pdf>. Klages, K.H.W. 1928. "Crop ecology and ecological crop geography in the agronomic curriculum." *Journal of American Society of Agronomy*, 20: 336–353.

Klages, K.H.W. 1928. "Crop ecology and ecological crop geography in the agronomic curriculum." *Journal of American Society of Agronomy*, 20: 336–353.

_____. 1942. *Ecological Crop Geography*. New York: McMillan Company.

Kremen, C. 2015. "Reframing the land-sparing/land-sharing debate for biodiversity conservation." *Annals of the New York Academy of Sciences*, 1355: 52–76.

Lampkin, N. 1992. *Organic Farming*. Ipswhich, England, Farming Press.

Lappé, F.M., J. Collins and P. Rosset. 1998. *World Hunger: Twelve Myths*, second edition. New York: Grove Press.

Letourneau, D.K., I. Armbrecht, B. Salguero, et al. 2011. "Does plant diversity benefit agroecosystems? A synthetic review." *Ecological Applications*, 21, 1: 9–21.

Levins, R., and R. Lewontin. 1985. *The Dialectical Biologist*. Cambridge: Harvard University Press.

Levins, R., and M. Wilson. 1979. "Ecological theory and pest management." *Annual Review of Entomology*, 25: 7–19.

Loomis, R.S., W.A. Williams and A.E. Hall. 1971. "Agricultural productivity." *Annual Review of Plant Physiology*: 431–468.

Lotter, D.W. 2003. "Organic agriculture." *Journal of Sustainable Agriculture*, 21: 37–51.

Lowrance, R., B.R. Stinner and G.S. House. 1984. *Agricultural Ecosystems*. New York: Wiley Interscience.

LVC (La Vía Campesina). 2013. "From Maputo to Jakarta: 5 years of agroecology in La Vía Campesina." Jakarta. <http://viacampesina.org/downloads/pdf/en/De-Maputo-a-Yakarta-EN-web.pdf>.

Machado, L.C.P., and L.C.P. Machado Filho. 2014. *A Dialética da Agroecologia: Contribuição para un Mundo com Alimentos Sem Veneno*. São Paulo: Expressão Popular.

Machín Sosa, B., A.M. Roque, D.R. Ávila and P. Rosset. 2010. "Revolución agroecológica: el movimiento de Campesino a Campesino de la anap en Cuba." Cuando el campesino ve, hace fe. Havana, Cuba, and Jakarta, Indonesia: anap and La Vía Campesina. <http://www.viacampesina.org/downloads/pdf/sp/2010-04-14-rev-agro.pdf>.

Machín Sosa, B., A.M.R. Jaime, D.R.Á. Lozano, and P.M. Rosset. 2013. "Agroecological revolution: The farmer-to-farmer movement of the ANAP in Cuba." Jakarta: La Vía Campesina. <http://viacampesina.org/downloads/pdf/en/Agroecological-revolution-ENGLISH.pdf>.

Mader, P., A. Fliessbach, D. Dubois, et al. 2002. "Soil fertility and biodiversity in organic farming." *Science*, 296: 1694–1697.

Martínez-Torres, M.E., and P. Rosset. 2010. "La Vía Campesina: The birth and evolution of a transnational social movement." *Journal of Peasant Studies*, 37, 1: 149–175.

＿＿＿. 2014. "Diálogo de Saberes in La Vía Campesina: Food sovereignty and agroecology." *Journal of Peasant Studies*, 41, 6: 979–997.

McNeely, J.A., and S.R. Scherr. 2003. *Ecoagriculture: Strategies to Feed the World and Save Wild Biodiversity*. Washington, DC: Island Press.

Méndez, V. Ernesto, Christopher M. Bacon and Roseann Cohen. 2013. "Agroecology as a transdisciplinary, participatory, and action-oriented approach." *Agroecology and Sustainable Food Systems*, 37, 1: 3–18.

Merchant, C. 1981. *The Death of Nature: Women, Ecology, and Scientific Revolution*. Harper: New York.

Mies, M., and V. Shiva. 1993. *Ecofeminism*. London: Zed Books.

Metcalf, R.L., and W.H. Luckman. 1975. *Introduction to Insect Pest Management*. New York: Wiley Interscience.

Netting, R. M. 1974. "Agrarian ecology." *Annual Review of Anthropology*, 1: 21–55.

＿＿＿. 1993. *Smallholders, Householders: Farm Families and the Ecology of Intensive, Sustainable Agriculture*. Redwood City, CA: Stanford University Press.

Pearse, A. 1980. *Seeds of Plenty, Seeds of Want: Social and Economic Implications of the Green Revolution*. New York: Oxford University Press.

Perfecto, I., J. Vandermeer and A. Wright. 2009. *Nature's Matrix: Linking Agriculture, Conservation and Food Sovereignty*. London: Earthscan.

Pingali, P.L., M. Hossain and R.V. Gerpacio. 1997. *Asian Rice Bowls: The Returning Crisis*. Wallingford, UK: cab International.

Pretty, J. 1995. *Regenerating Agriculture*. Washington, DC: World Resources Institute.

Price, P., and G.P. Waldbauer. 1975. "Ecological aspects of pest management." In R. Metcalf and W. Luckmann (eds.), *Introduction to Insect Pest Management*. New York: Wiley-Interscience.

Richards, P. 1985. *Indigenous Agricultural Revolution*. Boulder, CO: Westview Press.

Rosset, P.M. 2015. "Social organization and process in bringing agroecology to scale." In *Agroecology for Food Security and Nutrition*. Food and Agriculture Organization (FAO) of the United Nations, Rome. Available from: http://www.fao.org/3/a-i4729e.pdf

Rosset, P.M., and M.A. Altieri. 1997. "Agroecology versus input substitution: A fundamental contradiction of sustainable agriculture." *Society and Natural Resources*, 10: 283–295.

Rosset, P., and M.E. Martínez-Torres. 2012. "Rural social movements and agroecology: Context, theory and process." *Ecology and Society*, 17, 3: 17.

Sevilla Guzmán, E. 2006. *De la Sociología Rural a la Agroecología: Bases Ecológicas de la Producción*. Barcelona: Icaria.

＿＿＿. 2011. *Sobre los Orígenes de la Agroecología en el Pensamiento Marxista y Libertario*. La Paz: AGRUCO.

Sevilla Guzmán, E., and J.M. Alier. 2006. "New rural social movements and agroecology." In P. Cloke, T. Marsden and P.Mooney (eds.), *Handbook of Rural Studies*. London: Sage.

Sevilla Guzmán, E., and G. Woodgate. 2013. "Agroecology: foundations in agrarian social thought and sociological theory." *Agroecology and Sustainable Food Systems*, 37, 1: 32–44.

Shiva, Vandana. 1991. *The Violence of the Green Revolution: Third World Agriculture, Ecology and Politics*. London: Zed Books.

_____. 1993. *Monocultures of the Mind: Perspectives on Biodiversity and Biotechnology*. London: Palgrave Macmillan.

Siliprandi, Emma. 2009. "Um olhar ecofeminista sobre as lutas por sustentabilidade no mundo rural." In Paulo Peterson (ed.), *Agricultura Familiar Camponesa na Construção do Futuro*. Rio de Janeiro: as-pta.

_____. 2015. *Mulheres e Agroecologia: Transformando o Campo, as Florestas e as Pessoas*. Rio de Janeiro: Editora UFRJ. <http://www.mda.gov.br/sitemda/sites/sitemda/files/ceazinepdf/mulheres_e_agroecologia_transformando_o_campo_as_florestas_e_as_pessoas_0.pdf>.

Siliprandi, E., and G.P. Zuluaga (eds.). 2014. *Género, Agroecología y Soberanía Alimentaria: Perspectivas Ecofeministas*. Barcelona: Icaria.

Southwood, T.R.E., and M.I. Way. 1970. "Ecological background to pest management." Conference proceedings: *Concepts of Pest Management* held at Raleigh: North Carolina State University.

Spedding, C.R. 1975. *The Biology of Agricultural Systems*. London: Academic Press.

Steiner, R. 1993. *Agriculture: Spiritual Foundations for the Renewal of Agriuclture*. Kimberton, PA: Bio-Dynamic Farming and Gardening Association, Inc.

Tischler, W. 1965. *Agrarökologie*. Jena, Germany: Gustav Fischer Verlag.

Toledo, V.M., J. Carabias, C. Mapes and C. Toledo. 1985. *Ecología y Autosuficiencia Alimentaria*. Mexico: Siglo Veintiuno Editores.

Uphoff, N. 2002. *Agroecological Innovations: Increasing Food Production with Participatory Development*. London: Earthscan.

Vandermeer, J. 1981. "The interference productions principle: An ecological theory for agriculture." *BioScience*, 31: 361–364.

van der Ploeg, J.D. 2009. *The New Peasantries: New Struggles for Autonomy and Sustainability in an Era of Empire and Globalization*. London: Earthscan.

_____. 2010. "The peasantries of the twenty-first century: The commoditization debate revisited." *Journal of Peasant Studies*, 37, 1: 1-30. <http://dx.doi.org/10.1080/03066150903498721>.

_____. 2013. *Peasants and the Art of Farming: A Chayanovian Manifesto*. Halifax: Fernwood Publishing.

van Dyne, G. 1969. *The Ecosystems Concept in Natural Resource Management*. New York: Academic Press.

Wezel, A., S. Bellon, T. Doré, et al. 2009. "Agroecology as a science, a movement, and a practice." *Agronomy for Sustainable Development*, 29, 4: 503–515. <http://dx.doi.org/10.1051/agro/2009004>.

第3章
アグロエコロジーを支持するエビデンス

　今日のほとんどの専門家の同意するところだが、食料増産は将来起こりうる世界の飢餓を防ぐ必要条件ではあるが十分条件ではない。飢餓は、貧困層から経済的機会、食料と土地、その他安定した暮らしに不可欠な資源へのアクセスを奪う支配的な資本主義システムに根差す不平等の帰結なのである［Lappé, Collins and Rosset 1998］。食料増産に傾注しても飢餓は緩和されない。なぜなら、食料を買えるのは誰か、それを生産するための種子、水、土地へのアクセスを持てるのは誰かを決める経済力なパワーがひどく集中している状況を変えることはないからである。したがって、将来世代のニーズを満たすための食料増産は、同時に小規模農家の暮らしを改善し生態系を保全する戦略と組み合わされねばならない。一連の報告書によれば、アグロエコロジーは、科学と実践の双方に深く根差した、多様でレジリエントかつ生産的なファーミングシステムをデザインするための一貫した原理からなるがゆえに、そうした戦略の礎を提供できる［de Schutter 2011］。幾多の利用可能で説得力のある研究データは、以下のことを示している。すなわち、長期的には、化学肥料や農薬など外部からの投入財を多く用いるシステムと比べ、アグロエコロジーの実践に基づくシステムの方が、単位面積当たりの総生産がより安定的な水準に維持されること、経済的に有利な投資利益率が実現されること、小規模農民とその家族が暮らしの維持のために十分な見返りを労働と他の投入から得ることのできること、および土壌と水の保護・保全、生物多様性の増進を保証することである［Altieri and Nicholls 2012］。

　今日、アグロエコロジーによって養われた土壌と水、生物多様性の管理体制によって維持され高められた、作物と動物の著しい多様性に特徴付けられる農業システムの成功例が数多く存在する。その多くが複雑な伝統的なファーミングシステムの考え方と行動原理に基づいている［Altieri and Toledo 2011］。このよ

うな農業システムは、何世紀にもわたり世界の人口の多くを養い、また現在も、特に途上国において、そうあり続けているだけでなく、今日の農村地域のあり方に影響を及ぼす生産と天然資源保護上の諸課題への解決策を多数提供しうる [Koohafkan and Altieri 2010]。小規模農家によるアグロエコロジーの実践が世界中でどれほど食料の安全保障と食の主権、農村の暮らし、地域経済さらには国家経済に多大な貢献をしているのかを示す研究が生まれているものの、これらの貢献は十分に評価されてこなかった [Uphoff 2002; Altieri, Rosset and Thrupp 1998]。

1 小農による農業の広がりと重要性

　大半の途上国は顕著な小農人口を抱えている。伝統的な農業に従事する彼らの歴史は1万年以上も遡り、いまも数百の民族集団からなる。世界には、合計で15億人にもなる小自作農、家族農家や先住民族が、３億5000万の小さな農場（畑）で働く。また、４億1000万の人びとが森林やサバンナから資源を採集しており、１億9000万人が牧畜民であり、１億人以上の漁撈民がいる。これらの人びとのうち、少なくとも３億7000万人が先住民族であり、その農場の数は約9200万に及ぶ [ETC Group 2009]。世界で生産される食料[*]の70〜80％が農地面積平均2ha 程度の小規模生産者によって生産されていると考えられる。１ha 未満の農場は、農場数の72％にのぼるが、農地の8％を占めるに過ぎない [Wolfenson 2013]。さらに、今日の世界で消費される食料のほとんどは、5000あまりの作物種と小農によって育てられてきた190万の変種に由来しており、その大部分は慣行農業で用いられる農薬や化学肥料、その他の多投入型技術に頼ることなしに、これらの小さな農場で育てられている [ETC Group 2009]。

　ラテンアメリカでは、1980年代のデータになるが小農の管理する小規模な農場（平均1.8ha）が農地数の80％以上を占め、同地域の農業 GDP の30〜40％を生み出している。公式統計は小農による生産を過小評価しがちであるが、それによれば、小農による生産は1,600万以上の小農場によりなされており、国内消費向け農業生産の約41％に寄与し、トウモロコシの51％、マメ類の77％、ジャガイモの61％の生産を担っている [Ortega 1986]。こうした小規模な農場の食料安全保障への寄与度は25年前と同様に重要である。ブラジルだけで

---

[*]　ここでは人間によって直接消費される食料のこと。

郵便はがき

101-8796

537

【 受 取 人 】

東京都千代田区外神田6-9-5

株式会社 明石書店 読者通信係 行

お買い上げ、ありがとうございました。
今後の出版物の参考といたしたく、ご記入、ご投函いただければ幸いに存じます。

がな		年齢	性別
前			
所 〒 －			

TEL （ ） FAX （ ）	
ルアドレス	ご職業（または学校名）

書目録のご希望	＊ジャンル別などのご案内（不定期）のご希望
ある	□ある：ジャンル（ ）
ない	□ない

書籍のタイトル

◆本書を何でお知りになりましたか？
　　　□新聞・雑誌の広告…掲載紙誌名[
　　　□書評・紹介記事……掲載紙誌名[
　　　□店頭で　　　□知人のすすめ　　　□弊社からの案内　　　□弊社ホームペー
　　　□ネット書店 [　　　　　　　　　　　] □その他[
◆本書についてのご意見・ご感想
　　■定　　　価　　　□安い（満足）　　□ほどほど　　　□高い（不満）
　　■カバーデザイン　　□良い　　　　　□ふつう　　　　□悪い・ふさわしくな
　　■内　　　容　　　□良い　　　　　□ふつう　　　　□期待はずれ
　　■その他お気づきの点、ご質問、ご感想など、ご自由にお書き下さい。

◆本書をお買い上げの書店
　　[　　　　　　　　市・区・町・村　　　　　　　　　書店　　　　　　店
◆今後どのような書籍をお望みですか？
　　今関心をお持ちのテーマ・人・ジャンル、また翻訳希望の本など、何でもお書き下さい。

◆ご購読紙　(1)朝日　(2)読売　(3)毎日　(4)日経　(5)その他[　　　　　　　　　新
◆定期ご購読の雑誌 [

ご協力ありがとうございました。
ご意見などを弊社ホームページなどでご紹介させていただくことがあります。　　□諾　□否

◆ご 注 文 書◆ このハガキで弊社刊行物をご注文いただけます。
　　□ご指定の書店でお受取り……下欄に書店名と所在地域、わかれば電話番号をご記入下さ
　　□代金引換郵便にてお受取り…送料+手数料として300円かかります（表記ご住所宛のみ）

書名		
書名		
ご指定の書店・支店名	書店の所在地域	
		都・道　　　　市 府・県　　　　町
	書店の電話番号	（　　　）

も、480万人の小農と家族農家（全農家数のおよそ85％）がおり、同国の全農地の30％を占めている。これらの小規模農場は、トウモロコシ畑の33％、マメ畑の61％、キャッサバ畑の84％を占めており、キャッサバ全体の84％、全マメ類の67％を生産している［Altieri 2002］。エクアドルでは、トウモロコシ、マメ類、大麦、オクラなどの食用作物の栽培面積の50％以上が小農によるものである。メキシコでは、トウモロコシ畑の少なくとも70％、マメ畑の60％を小農が占めている［Altieri 1999］。キューバでは、小農がわずか 3 分の 1 の農地で、食料のほぼ 3 分の 2 を生産している［Rosset et al. 2011］。

　アフリカにはおよそ3300万の小規模農場があり、大陸の全農場の80％を占めている。アフリカの農家の多数派（その多くは女性）は小規模生産者であり、農場の 3 分の 2 は 2 ha に満たない。ほとんどの小規模農家は少ない資源で農業を営み、大部分の穀物、ほぼすべての根菜・塊茎作物と調理用バナナ、および地域で消費される大部分のマメを生産している［Pretty and Hine 2009］。アジアでは、中国だけで世界の小規模農場のほぼ半分を占め（農場面積は 1 億9300万 ha に達する）、次いでインドの23％、インドネシア、バングラデシュ、ベトナムと続く。アジアの 2 億人以上の稲作農家の中で、2 ha 以上を耕作する者はほとんどいない。中国ではおそらく、7500万人の農家が依然として千年以上前と同じような農法でコメを生産している。ローカルな栽培品種は、ほとんどが高地の生態系か雨水を利用して栽培されているが、アジアの小規模農家によって生産されるコメの大きな割合を占める。インドの小規模農家は平均して 2 ha の農地を所有しているが、全国の農家の78％を占める一方、33％の農地しか所有しておらず、穀物生産の41％を担っている。他の大陸の場合と同様に、アジアの小農が生産する様々な作物を足し合わせるとその生産性は高い傾向にあり、彼らは世帯とコミュニティの食料安全保障に顕著に貢献している［UN-ESCAP 2009］。

2　アグロエコロジー的な介入の影響評価

　途上国におけるアグロエコロジーのプロジェクトやイニシアティブに関する地球規模での最初の評価が、57の貧困国で計3700万 ha（途上国の耕作地の 3 ％）の農地で実施された286の持続可能な農業プロジェクトについてなされた。これらの介入は1260万の農場において生産性を向上させ、平均作物収量の増加は

79％にのぼったと研究者らはみている［Pretty, Morrison and Hine 2003］。持続可能な農業の実践により、限界的な環境に住む小規模農家に典型的な天水農業地帯において、ha あたりの穀物生産が50％から100％増加——世帯あたりで年間約1.71t、73％増加——した。これら天水農業地帯の面積は358万 ha で、442万人の農家によって耕作されている。これら雨水利用地の面積は358万 ha で、442万人の農家によって耕作されている。根菜（ジャガイモ、サツマイモとキャッサバ）が主要産物である14のプロジェクトの場合、14万6000の、合計面積54万2000ha の農場で、世帯の食料生産が平均で年間17t 増加した（150％の増加）。このような収量の増加は、主流の農業諸制度からは孤立した小農の食料安全保障にとって解決の糸口となる［Pretty et al. 2003］。

　より最近の大規模な研究も同様の結論に達している。イギリス政府のForesight Global Food and Farming Futures プロジェクトの委託研究（2011）は、2000年代に持続可能な集約農業の開発が行われたアフリカ20カ国、40のプロジェクトの評価に着手した。それらのプロジェクトには、作物の品種改良（特にこれまで無視されてきた「孤児作物」の参加型育種を通じての改良）、統合的な病害虫管理（IPM）、土壌保全とアグロフォレストリーが含まれていた。これらのプロジェクトは2010年の初めまでに、1039万人の農家とその家族に恩恵をもたらし、およそ1275万 ha の農地の改善に寄与したと報告されている。作物の収量は3年から10年の間に平均して倍以上に増え（2.13倍）、その結果、年間の総食料生産は579万 t、農家あたり557 kg 相当増えたのである。

アフリカ

　アフリカでも、アグロエコロジーのアプローチが生産と所得、食料安全保障および気候変動へのレジリエンスを高め、さらにコミュニティのエンパワーメントに非常に有効であり得ることを示すエビデンスが続々と生まれている［Action Aid 2011］。Christian Aid（2011）によれば、持続可能な農業プロジェクトの95％において、穀物生産高は50〜100％向上した。総食料生産は、すべての調査対象となった農場において増加した。自然資本、社会資本、人的資本へのさらなるプラスの影響は、将来にわたってこれらの改善を維持するための資産基盤を形成するのにも役立った。上記の研究に報告された食料増産は主として、既に栽培されていた主要作物や野菜に新たな作物や家畜、魚を加えるといった多様化スキームの結果によるものである。これら新たなシステムの事業や構成

要素には、魚の養殖、小区画での植床作りや野菜栽培、劣化土壌の修復、家畜飼育（および乳量向上）用の牧草や灌木の栽培、養鶏、羊と山羊の無放牧養、トウモロコシやソルガムと輪作する新たな作物の導入、および二毛作を可能にする短期で栽培可能な作物（サツマイモやキャッサバ等）の導入などが含まれる[Pretty, Toulmin and Williams 2011]。

UNEP-UNCTAD（2008）による別のメタ分析では、アフリカの114の事例を評価しているが、有機農法に転換した農場では農業生産性が116％増したことが明らかにされている。ケニアでは、トウモロコシの収量は71％、マメの収量は158％増加した。さらに、農家が入手可能な食用作物の多様性が増したため、食事の種類が増え、栄養状態も改善した。農場の自然資本（土壌の肥沃度、農業生物多様性の水準など）もまた転換後、時間の経過とともに増加した。

多様化戦略の最も成功した例の1つは、森林に依拠した農業の促進であった。成長の速い窒素固定型の灌木（*Calliandra*、*Tephrosia* など）とトウモロコシを混作するアグロフォレストリーは、カメルーン、マラウィ、タンザニア、モザンビーク、ザンビア、ニジェールの数万人の農家に広まり、モノカルチャーのときは ha あたり5 t だったトウモロコシの収量は8t にまで増加した [Garrity 2010]。2009年半ばまでに12万人以上のマラウィの小農が、全国的なアグロフォレストリー・プログラムの下で研修を受け、苗木を入手した。その恩恵はマラウィの県の40％、130万人の貧困層に及んだ。研究の明らかにしたところでは、アグロフォレストリーのシステムにより、市販の窒素肥料にお金を出す余裕のない農家の間で、トウモロコシの収量が ha あたり1 t から2〜3 t へと増加したという。

アフリカにおける別のアグロフォレストリーのシステムでは、シロアカシア（*faidherbia*）が優勢樹木であり、それは作物の収量を改善し、乾風から作物を、水食から土壌を保護するものである。ニジェールのザンデール地域には、現在約480万 ha のシロアカシアの支配的な農業生態系がある。その葉と鞘は、長期にわたるサヘルの乾期の間、牛や山羊に不可欠な飼料にもなる。ニジェールでの経験に刺激を受け、マラウィおよびタンザニア南部高地の約50万人の農家がトウモロコシ畑にシロアカシアを植えている [Reij and Smaling 2008]。

アフリカ南部では、環境保全型農業（conservation agriculture）がアグロエコロジー的な側面を含む重要なイノベーションとなっている。それは、3つのアグロエコロジー的な実践――土壌攪乱の最小化、永年的土壌被覆および輪作――

に基づく。これらのシステムは、マダガスカル、ジンバブエ、タンザニアと他の国々の5万人を下らない農家に広まり、トウモロコシの収量を慣行農業を上回る ha あたり3〜4t にまで劇的に増加させた。トウモロコシの増収により、世帯レベルで入手できる食料だけでなく、所得水準も増加した［Owenya et al. 2011］。サブサハラ・アフリカでは、小規模農家の80％は2ha 以下の土地しか持たず、それ故にもはや毎年4分の3の土地を寝かす（すなわち休耕にあてる）余裕はないのだが、それでも残った土地で家族を養わねばならない。このような条件下、一連のマメ科の緑肥／被覆作物の導入は鍵となる戦略をなす。というのも、これらの被覆作物は、畑の肥沃度を維持し徐々に土壌を回復させるのに十分以上である2ha あたり100t を超えるバイオマス（乾燥前の重量）を産出できるからである。より重要なこととして、緑肥／被覆作物のほとんどは、通常は自家消費されるか地元の市場で売られる高タンパクの食材となる［Reij, Scoones and Toulmin 1996］。

　サブサハラ・アフリカでは、農地の40％は半乾燥、乾燥半多湿のサバンナ地帯に位置し、頻繁に起こる水不足にますます悩まされている。ここで、zai として知られる古くからの保水システムがマリとブルキナファソで復活している。zai は深さ10〜15 cm くらいの穴で、そこに有機物を埋める［Zougmore, Mando and Stroosnijder 2004］。穴を堆肥で埋めれば、育成環境はさらに向上し、同時に土壌を改良するシロアリを呼び寄せる。シロアリは溝を掘ることで、より多くの水が浸透し固定されるように土壌構造を改善するのである。大概、農家は zai 内で雑穀やモロコシ、あるいはその両方を育てる。時には、同じ zai 内に穀物と樹木を植える。収穫時には農家は約50〜75cm の高さで茎を落とし、放牧された家畜が若い木を食べてしまうのを防ぐ。農家は ha あたり9000から1万8000の穴に5.6t から11t の堆肥を埋める［Critchley, Reij and Willcocks 2004］。何年にもわたってブルキナファソのヤテンガ地方の何千人もの農家が、ローカルに改良されたこの方法を用いて、穴に雨水を効率的に集めかつ少量の糞尿や堆肥でも有効に作用させることにより、数百 ha もの劣化した土地を再生させたのである。zai を使った畑の穀物の収量（ha あたり870〜1590kg）は、zai を使わない場合（同500〜800kg）と比べ一貫して高い［Reij 1991］。

　東アフリカでは、「プッシュ－プル」（押す・引くの意味）として知られるアグロエコロジーに基づく病虫害管理法が広く普及している。それはトウモロコシと防虫効果のある植物（*Desmodium*）を混作すると同時に、畑の周りに罠の役割

を果たす植物を植えておくというものである。ヌスビトハギ（*Desmodium*）は茎の中を食い荒らす虫を寄せ付けない（プッシュ効果）。一方で、周りにナピアグラスのような虫をおびき寄せる植物があれば、虫はトウモロコシではなくそこに卵を産み付ける（プル効果）。ナピアグラスが出す粘着性の物質は孵化した幼虫を捕らえるので、成虫にまで育つものはわずかしかいない。こうしたシステムには虫害の制御以外の便益もある。ヌスビトハギは家畜の飼料にも使うことができる。このプッシュープル法によって、トウモロコシの収量と家畜の乳量が倍増すると同時に、土壌は改善され、寄生植物ストライガも制御することができる。このシステムは既に東アフリカの1万以上の世帯に広まっている[Khan et al. 1998]。

アジア

Pretty and Hine（2009）はアジア8カ国における16のアグロエコロジーに関わるプロジェクト／イニシアティブを評価しているが、493万 ha の土地で286万あまりの世帯が総食料生産量を大幅に増加させ、結果として世帯の食料安全保障が大幅に改善したことを見出している。収量の増加率が最大だったのは天水農地だったが、灌漑農地の場合も、穀物の収量増加率は低かったものの、生産性を上げる新たな構成要素の追加（水田での養殖、畦畔での野菜栽培など）により総生産は増えたという。

コメの SRI 農法（System of Rice Intensification）と呼ばれる水稲栽培法は、植物、土壌、水、栄養の管理方法を変えることにより水田の生産性向上をはかるアグロエコロジー農法のひとつである[Stoop, Uphoff and Kassam 2002]。中国、インドネシア、カンボジア、ベトナムの100万 ha 以上の農地に広まり、平均収量が20〜30％増加した。40カ国以上において示されてきたことだが、SRI の便益の中には、ときに50％以上ともなる増収、最高90％の必要種苗量の削減、最高50％の節水が含まれる。SRI は農家の側により多くの知識と技能とを求め、最初のうちは単位面積あたりより多くの労働投入を要する。しかし、労働の強化は農家がより高い収益を達成することにより相殺される。SRI の原理と実践は天水田だけでなく、小麦、サトウキビ、テフ等の他の作物にも適用されており、増収とそれに伴う経済便益をもたらしてきた[Uphoff 2003]。

Bachmann, Cruzada and Wright（2009）は、アジアにおける持続可能な農業についてなされた研究の中でおそらく最大のものだが、それはフィリピンの小

農、小農組織、科学者と NGO のネットワークである MASIPAG が行った活
動に基づいている。フィリピンで、有機農業への移行が完了した小農280人と
有機農業への移行過程にある小農280人、慣行農業の小農280人を比較すること
により、有機農家の方が食料の安全保障において顕著によい状況にあることが
分かった。研究の結果は表3-1にまとめられているが、とりわけ農村地域の最
貧層にとってよい結果となっている。有機農家はより多様で栄養価も高く安定
した食事を得ることができており、健康状態も非常に良くなっていると報告さ
れている。有機農家は農場内で非常に高い多様性を持ち、慣行農家より平均で
50％多くの作物種を栽培し、土壌の肥沃度はより高く流失は少なく、作物の病
虫害への耐性が増し、農場の経営がよりうまくいっていることが明らかにされ
た。有機農家はまた、平均するとより高い純所得を得ている。

表3-1　農家主導の持続的な農業

食料の安定化
有機農家の88％が2000年時と比べて食料の安全保障が良くなったかずっと良くなったと答えているが、慣行農家の場合は44％に過ぎない。一方で、慣行農家の18％が悪くなったと答えているが、有機農家では2％に過ぎない。
食事の種類の豊富さ
有機農家は2000年時と比べて野菜を68％多く、果物を56％多く、（たんぱく質に優れる）主要作物を55％多く、肉を40％多く食べている。これは慣行農家と比べ、2〜3.7倍の増加率である。
作物多様性
有機農家は平均して慣行農家よりも50％多くの作物種を育てている。
健康
有機農家の85％が2000年時と比べて健康状態が良くなったかずっと良くなったと答えている。対照的に、慣行農家ではその比率は32％に過ぎず、56％は変化がなく、13％は悪化したと答えている。

注：農家主導の持続的な農業に関する MASIPAG の研究の主要な結果をまとめている。
出所：Bachmann, Cruzada and Wright (2009)

　Zero Budget Natural Farming（ZBNF：ゼロ予算自然農法）はインドのカルナータ
カ州における草の根の小農アグロエコロジー運動であるが、タミル・ナードゥ、
アーンドラ・プラデーシュ、ケーララという南インドの州で大きな広がり（10
万人以上の農家）をみせている。ZBNF が勧めるアグロエコロジー的な実践に

は、作物の効果的な配置、等高線耕作や築堤による水の保全、集約的なマルチ
ング（被覆）、分解と栄養分の再利用を促す微生物の培養、ローカルな種子の
利用、作物・樹木・家畜（主に牛）の統合、混作と輪作の推進などが含まれる。
最近の調査によれば、ZBNF の勧める実践を取り入れた農家の中で、78.7％
が収量において、93.6％が土壌保全において、76.9％が種子の多様性におい
て、91.1％が生産物の品質において、92.7％が種子の自律性において、87.8％
が農家世帯の食の自律性において、85.7％が所得においてそれぞれ改善した一
方、90.9％が農業にかかる支出が減り、92.5％が借入金の必要性が減少したと
答えている。これらの結果から、ZBNF は農学的な意味で機能するだけでな
く、多様な社会的、経済的便益をもたらすことが明らかにみて取れる［Khadse
et al. 2017］。

ラテンアメリカ

　1980年代初頭からラテンアメリカでは、小規模農家は、特にその初期におい
て、しばしば NGO や他の組織と共同で、資源を保全しつつも生産性が高いこ
とを特色とするアグロエコロジーを基にした新しい実践を推進し、実施して
きた［Altieri and Masera 1993］。1990年代に実施中であった複数のアグロエコロ
ジー関連の農業プロジェクト──合計すると農家および農業経営体10万戸近く
が含まれ、対象農地面積は12万 ha 以上──を分析した研究では、農場環境が
アグロエコロジー的な面で改善され、労働力と地元の資源が有効に活用される
とき、多くの場合、伝統作物と家畜の複合経営農場は生産性を上げることが示
されている［Altieri 1999］。実際、推奨されたアグロエコロジー技術のほとん
どは農業生産を増やし、限界地の収量を ha あたり400〜600kg から2000〜2500kg
にまで増加させ、農業における生物多様性を豊かにし、ひいては食料安全保障
と環境十全性にも正の効果をもたらした。緑肥や他の有機農法にもかかわる管
理技術を重視するアプローチの中には、トウモロコシの収量を ha あたり 1 〜
1.5 t（高地に暮らす小農の典型的な収量）から3〜4t にまで増加させたものもある
［Altieri and Nicholls 2008］。

　国際農業開発基金（International Fund for Agricultural Development）［IFAD 2004］は
12の農民組織──合計すると5150の農家と 1 万 ha 近い土地を含む──を調査
しているが、有機農法に転換した小規模農家はいずれも、転換前よりも高い純
収入を得ていた。これらの農家の多くは、非常に複雑で生物多様性に富むア

グロフォレストリーの下でコーヒーやカカオを生産している。後述する CAC（Campesino a Campesino。直訳すると「小農から小農へ」。以下、カンペシーノ運動とする）運動に加え、ラテンアメリカにおいて小農組織や NGO が推進するおそらく最も普及したアグロエコロジーの取り組みは、伝統的あるいは地域固有の作物種（variedades criollas クリオージョ種）を救い出す試みである。それは、メキシコ、グアテマラ、ニカラグア、ペルー、ボリビア、エクアドル、ブラジルにおいて活発なのだが、コミュニティによるシード・バンクや何百もの種子交換会（feria de semillas）の開催を通して遺伝的多様性を生息域内で保全することを促すものである。例えば、ニカラグアでの「アイデンティティとしての種子（semillas de identidad）」プロジェクトでは、3万5000以上の家族と1万4000ha の土地が対象となったが、129のトウモロコシの在来種と144のマメ類の在来種の回復と保全に貢献してきた［Altieri and Toledo 2011］。

中央アメリカのカンペシーノ運動

　現代のアグロエコロジーにおいて小農主導の技術の共有と普及プロセスが最初にみられたのは、グアテマラの高地であった。そこでは、先住民族 Kaqchikel の農家がカンペシーノ運動と呼ばれる水平的な学習法を開発した。彼らは後に、土壌と水を保全する学校を創った経験のあるメキシコ、トラスカラ州（Vicente Guerrero 村）の農家を訪問したのだが、そこで自分たちのイノベーションについて彼らを説き伏せようとする代わりに、小区画で試してみてうまくいくかどうか確かめるように説いた。新しい方法がうまくいくと分かったメキシコの農家は、他の農家にそれを伝えた。こうした交流が広まるにつれ、アグロエコロジーを拡げようとする草の根のカンペシーノ運動が、メキシコ南部と戦禍を被った中央アメリカにおいて数十年の間に成長していった［Holt-Gimenez 2006］。ニカラグアでは、サンディニスタ政権期[*] に UNAG（Unión Nacional de Agricultores y Ganaderos: 全国農牧民連合）を通じて、カンペシーノ運動の実践が導入された。1995年までにおよそ300人のアグロエコロジーのプロモーター（農民普及員）が約3,000家族に働きかけを行った。2000年には、およそ1,500人のプロモーターがニカラグアの小農世帯のほぼ3分の1に向けてアグロエコロジーを普及しようとしていた［Holt-Gimenez 2006］。今日ではニカ

---

[*]　ソモサ独裁政権を倒した左翼ゲリラの樹立した政権で、1979年から90年まで続いた。

ラグアとホンジュラス、グアテマラにおいて約1万の家族がカンペシーノ運動の手法を実践していると考えられる。

　ホンジュラスでは、土壌保全の方法はカンペシーナ運動の手法を通じて農民に導入されたが、同国の高地に暮らす農家は様々な技術を適用することで、収量を3倍から4倍、haあたり400kgから1200kg、1600kgへと増加させたのである。haあたりの穀物生産が3倍に増加したことで、プログラムに参加した1200家族には次の年に豊富な穀物の供給が保証されることになった。ハッショウマメ（*Mucuna pruriens*）を緑肥として用いることで、haあたり150kgの窒素を固定でき、35tの有機物も生産できる。これらは、トウモロコシの収量が3倍となるhaあたり2500kgにまで増えるのに役立った。除草のための労働量は75％削減され、除草剤は全く使用されなくなった［Bunch 1990］。カンペシーナ運動の確立されたネットワークを生かして、簡易な技術（*Mucuna*による被覆など）が急速に普及していった。わずか1年で、ニカラグアのサンファン川流域の1000人以上の小農が劣化した土地を回復させた［Holt-Gimenez 2006］。これらのプロジェクトの経済分析が示すところによると、被覆作物を用いた農家は化学肥料の使用を減らす（haあたり1900kgから400kg）一方で、収量をhaあたり700kgから2000kgへと増加させ、さらに化学肥料を用いた単作農家よりも生産費を約22％削減させた［Buckles, Triomphe and Sain 1998］。

キューバ

　1990年代にキューバでは、科学者、農家と技術普及員から構成されるNGOキューバ有機農業連合（Asociación Cubana de Agricultura Orgánica）が、ハバナ州の協同組合の中に「アグロエコロジー的な灯台」と呼ばれる3つの統合的な農業システムを設立する手助けをした。設立から6カ月後には、程度の差はあるものの、3つのパイロット的な組合はすべてアグロエコロジー的なイノベーション（樹木の統合、計画的な輪作、混作、緑肥等）を取り入れた。それにより、次第に生産と生物多様性、土壌の改良がもたらされた。キャッサバ・マメ・トウモロコシ、キャッサバ・トマト・トウモロコシ、サツマイモ・トウモロコシのような複数の混作が試された。これらの混作の総生産性はモノカルチャーの場合よりもそれぞれ2.82倍、2.17倍、1.45倍大きいと評価された［SANE 1998］。

　キューバの牧草研究所（Instituto de Investigación de Pastos y Forrajes）の分析によれば、作物と家畜の割合を牧草地75％、耕作地25％の比で生態学的に統合すると、

表3-2　キューバにおける作物と家畜の統合システムの生産性と効率性

生産のパラメーター	1年目	3年目
面積（ha）	1	1
総生産（t ／ ha）	4.4	5.1
産出エネルギー（百万 cal ／ ha）	3,797	4,885
産出たんぱく質（Kg ／ ha）	168	171
ha あたり養える人数	4	4.8
投入（エネルギー支出、百万 cal）		
人力	569	359
役畜	16.8	18.8
トラクター	277.3	138.6

注：キューバにおける75％が牧草地、25％が耕作地という統合モジュールに従った
　転換から3年後の農家のデータに基づく。
出所：SANE（1998）

システムの生物学的構造が農業生態系の生産性を保証するようになることから、時間の経過とともに総生産は増加し、エネルギーと労働の投入は減少することが明らかになった。アグロエコロジー的な統合の3年後には、バイオマスの総生産は ha あたり4.4 tから5.1 tへと増加した。エネルギーの投入は減少し、その結果エネルギー効率が向上した（表3-2）。次第に農業経営に必要な労働も1日あたり13時間・人から4〜5時間・人へと減少した。アグロエコロジーは常に労働集約的であり、労働力が豊富になければ機能しないという広く知られた神話があるため、このことは重要である。そうではなくアグロエコロジーは、Funes-Monzote（2008）が主張するように、特に時間が経つうちに相乗作用（例として、被覆作物による雑草の制御）が人間労働（草刈り）に代わるにつれ、労働節約的であり得るのである。そうしたモデルは、実地研修や農家間の訪問を通じてキューバ島の他地域でも広く奨励された［SANE 1998］。

　その後の Funes-Monzote et al.（2009）の研究によれば、アグロエコロジー的に作物と家畜を組み合わせた小規模農家は牧草面積あたりの牛乳生産量を3倍（年間 ha あたり3.6 t）に、エネルギー効率も7倍にまで増加させることができたという。家畜に特化した農場を多様化する戦略を通じて、エネルギー出力（年間 ha あたり21.3GJ（ギガジュール））は3倍になり、タンパク質の生産も倍増（年間 ha あたり141.5 kg）した（表3-3）。

表3-3 2つのキューバの小規模農場についての調査結果

	Cayo Piedra, Matanzas	Del Medio, Sancti Spiritus
面積（ha）	40	10
エネルギー（GJ／ha、年間）	90	50.6
たんぱく質（Kg／ha、年間）	318	434
養える人数（ha、年間） （カロリーを基準に算出）	21	11
養い得る人数（ha、年間） （タンパク質を基準に算出）	12.5	17
エネルギー効率（産出／投入）	11.2	30
土地等価比	1.67	1.37

注：Cayo Piedra 農場では、大抵10〜15の異なる作物を輪作（トウモロコシ、マメ、テンサイ、キャベツ、ジャガイモ、サツマイモ、タロイモ、ニンジン、キャッサバ、カボチャ、コショウ）し、バナナやココナッツなどの永年（樹園）作物も栽培している。Del Medio 農場は、100以上の作物、動物、樹木や他の野生種をパーマカルチャーの手法を用いて管理する高度に多様化された農場である。
出所：Funes-Monzonte, Monzote, Lantinga et al. (2009)

　キューバにおける小農の全国組織である（ビア・カンペシーナのメンバーでもある）全国小規模農家連合（Asociación Nacional de Agricultores Pequeños）がカンペシーノ運動の手法を受け入れて以来、それによらぬものも含めてアグロエコロジー的な実践は、この島国の小農の3分の1から2分の1に広まっていった［Rosset et al. 2011］。ある報告によると、今やアグロエコロジーを小農の46〜72％（アグロエコロジーにどこまでを含めるかによる）が実践している。キューバでは小農が国内向け食料生産の70％以上を担っており、作物別では根菜と塊茎の67％、小家畜の94％、コメの73％、果物の80％、そして蜂蜜、マメ、ココア、トウモロコシ、煙草、牛乳、食肉の大部分を担っている［Funes Aguilar et al. 2002; Machin Sosa et al. 2013; Rosset et al. 2011; Funes Aguilar and Vázquez Moreno 2016］。アグロエコロジーの手法を用いることで小規模農家は ha あたり年間15〜20人を養うに足る食料を得て、エネルギー効率もまた10以上を達成した［Funes-Monzote 2008］。

アンデス地域

　複数の研究者と NGO が、現代の高地農業が抱える問題の解決を求めて先コロンブス期のアンデス地域の技術を研究してきた。大変興味深い例として、約3000年前にペルーのアンデス高地で発達した、盛り土で高くするという独創的

な農法の復活を挙げることができる。考古学的なエビデンスによると、*waru waru* と呼ばれる、水で満たされた溝に囲まれた盛り土畑では、洪水や干ばつ、標4000m 近くの土地ではよくある枯死を招く降霜にもかかわらず、豊かな実りがもたらされた［Erickson and Chandler 1989］。1984年には、いくつかの NGO と政府機関が古代の農法を復活させようとする高地農民を支援した。盛り土と水路の組み合わせは、寒暖差を緩和する顕著な効果があり、作物の育成期間が延び、化学肥料を施された通常のパンパ土よりも高い生産性を生むことが分かった。ウアタ地区では再建された盛り土畑が目覚ましい収穫をもたらしており、年間で ha あたり 8〜14 t のジャガイモの収量を維持している。これらの値を年間で ha あたり平均1〜4t という プーノ県におけるジャガイモの収量と比べると、そのすごさがはっきりとする。カムハタ地区では、*waru waru* で年間 ha あたり13 t のジャガイモ、2t のキヌアの収量を記録した。

表3-4　新規の段々畑と傾斜農地の収量

作物 a	段々畑 b (kg/ha)	傾斜農地 c (kg/ha)	増加率 (%)	N
ジャガイモ類	17,206	12,206	43	71
トウモロコシ	2,982	1,807	65	18
大麦	1,910	1,333	43	56
大麦（飼料用）	25,825	23,000	45	159

注：新規の段々畑の初年度の収量を傾斜農地の収量と比べた（kg/ha）。
　　a すべての作物には化学肥料が施されている。
　　b 段差をつけ土手を築くことにより水の吸収を促した農地
　　c 段々畑に隣接する傾斜20〜50度の農地
　　N 調査農地の数
出所：Treacey (1989)

　ペルーの他地域でも、いくつかの NGO が地方政府と連携して放棄された古代の段々畑の復興プログラムに関わっている。例えばカハマルカ県では、1983年 に EDAC と CIED（Equipo de Desarrollo Agropecuario de Cajamarca と Centro de Investigación, Educación y Desarrollo、カハマルカ農業開発隊と研究教育開発センター）が小農のコミュニティの参加を得て、包括的な土壌保全プロジェクトに着手した。10年の間にプロジェクトでは55万本以上の樹木が植えられ、約850ha の段々畑と173ha の排水・浸透用の水路が再建された。最終的には、1124ha の段々畑が再建され、1247戸の農家が恩恵に預かった。ジャガイモの収量は ha

あたり5tから8tへ、オカイモの収量は3tから8tへと急増した。作物生産
の改善、牛の肥育とウール用のアルパカの飼育により、1983年には平均で年
間108ドルだった参加家族の所得は1990年代半ばには500ドル以上に増加した
[Sanchez 1994a]。ペルー南部のコルカ渓谷地方では、地方政府が小農コミュニ
ティに低利融資や種子をはじめとする投入財を提供しつつ、30haの段々畑の
再建プログラムが実施された。初年度の段々畑の収量は、ジャガイモ、トウモ
ロコシ、大麦で近隣の傾斜畑と比べ43〜65％の増加を記録した（表3-4）。在来
のマメ科植物（*Lupinus mutabilis*）が輪作ないし混作用の作物として段々畑に栽培
された。この植物は窒素を固定し、他の作物への施肥の必要を減らし生産を増
加させた［Treacey 1989］。NGOは標高4000mを越える地域の伝統的ファーミン
グシステムの評価も行った。そこでは、特に5年から8年の間休閑された畑に
植えられる場合にあてはまるのだが、マカ（*Lepidium meyenii*）が農家に安定した
収量を保証し得る唯一の作物である［SANE 1998］。

チリ

　1980年以来、チリのNGOである教育・技術センター（CET）は、小農の小
さな所有地の生産能力を再建しつつ彼らが年間を通して食料を自給するのを助
けることを目的とする農村開発プログラムに取り組んできた［Altieri 1995］。そ
のアプローチは0.5haのモデル農場をいくつか設置するというもので、モデル
農場では飼料植物や条植え作物、野菜、森林樹と果樹、家畜が時間的、空間的
に補い合うように組み合わされる。どれを組み合わせるかは、次の段階への作
物や家畜の栄養上の寄与、それらの各地域の農業気候条件への適応、当該地域
に暮らす小農の消費パターン、最後に市場機会に依存する。野菜のほとんどは
菜園の盛り土をされた区画に多量の堆肥を施した植床で栽培される。毎月最
大で83kgもの新鮮な野菜を収穫できるが、これは家屋周囲のあまり手入れさ
れない菜園の収穫量20〜30kgと比べかなりの改善である。家の周囲にある残
りの200m²は果樹栽培と家畜用に使われる（牛、鶏、兎、蜜蜂の巣箱）。野菜、穀
物、マメ類と飼料作物は6年ごとの輪作システムで生産される。そのシステム
は、輪作の土壌回復機能を活かしつつ、6つの区画でできる限り多様な基本作
物を栽培できるようデザインされている（図3-1）。土地を6つの輪作区画に分
けることで、0.5haの土地で相対的に安定した生産（13種類の異なる作物種から
年間約6tのバイオマス）が達成される。果樹は生け垣として植えられるが、1

図 3-1　チリの 0.5ha の統合的な農場の事例（6 年輪作）

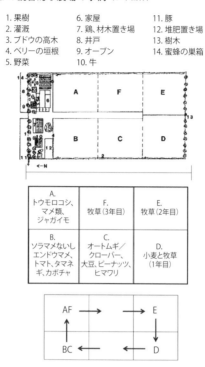

1. 果樹	6. 家屋	11. 豚
2. 灌漑	7. 鶏、材木置き場	12. 堆肥置き場
3. ブドウの高木	8. 井戸	13. 樹木
4. ベリーの垣根	9. オーブン	14. 蜜蜂の巣箱
5. 野菜	10. 牛	

A. トウモロコシ、 マメ類、 ジャガイモ	F. 牧草(3年目)	E. 牧草(2年目)
B. ソラマメないし エンドウマメ、 トマト、タマネ ギ、カボチャ	C. オートムギ／ クローバー、 大豆、ピーナッツ、 ヒマワリ	D. 小麦と牧草 (1年目)

出所：Altieri (1995)

表3-5　チリの統合的な小農場の生産性

生産		家族消費分を上回る栄養分の 販売可能な余剰	
輪作	3.16 t	たんぱく質	310%
自家菜園	1.12 t	カロリー	120%
果物	0.83 t	ビタミンA	150%
牛乳	3,200 ℓ	ビタミンC	630%
肉	730 kg	カルシウム	400%
卵	2,531個	リン	140%
蜂蜜	57 kg		

注：アグロエコロジー的な農園管理導入3年後のチリの統合的な小農場（0.5ha）の生産性
出所：Altieri (1995)

t 以上もの果実を生産する。牛乳と卵は慣行農場よりもはるかに多く生産される。このモデル農場を栄養学的に分析すると、典型的な 5 人家族の自給に加えて、タンパク質は250％、ビタミン A と C はそれぞれ80％と550％、カルシウムは330％の余剰を達成した。家計の分析によれば、余剰分の売上は追加分の購入790米ドルも上回り、貯蓄を可能とした。一方で、農作業には週あたりわずかな時間従事しただけであった。空いた時間は、農場内の他の仕事や農場外での就労に当てられている（表3-5）。

ブラジル

　南ブラジル、サンタカタリーナ州の政府機関である EPAGRI（Empresa de Pesquisa Agropecuária e Difusão de Technologia de Santa Catarina: 農牧研究技術普及公社）は、農家とのプロジェクトを実施している。技術的には、等高線に沿ったイネ類の生垣、等高線耕作や緑肥を使うことを通じて、小さな流域単位での土壌と水の保全に焦点を当てている。ハッショウマメ、タチナタマメ、フジマメ、ササゲ、様々な種のカラスノエンドウとタヌキマメなどのマメ科植物、およびライムギ、オートムギ、カブのような非マメ科植物を含む60種程度の被覆作物が、農家と共同で試されてきた。被覆作物は混作されるか休閑期に植えられるが、システムの中で組み合わされる農作物はトウモロコシ、タマネギ、キャッサバ、小麦、ブドウ、トマト、大豆、煙草、果樹などである［Derpsch and Calegari 1992］。プロジェクトは農場レベルでは、作物の収量、土壌の質、湿度の保持、労働需要において特に効果があった。草を刈り土地を耕す必要性が減少したことは、小規模農家にとって顕著な労働力の節約につながった。この成果により、土壌流出を防ぐには、覆土を維持することが段々畑や保全用の障壁を設けることよりも重要であることが明らかになった。EPAGRI のプロジェクトは1991年以来、60の小分水嶺における3万8000人あまりの農家におよび、4300t の緑肥用種子を彼らに提供してきた［Guijt 1998］。マメ類やイネ類などの被覆作物を組み合わせることで、バイオマスは ha あたり8000kg に達し、被覆作物の厚さは10cm に及び、雑草の発生は75％以上抑えられることになった。その結果、除草剤や化学肥料なしでトウモロコシの収量は ha あたり 3 t から 5 t、大豆の収量は2.8t から4.7t へと増加した［Altieri et al. 2011］。

　大豆の単一栽培が支配的なブラジル内陸部のサバンナ地帯「セラード（cerrados）」では、不適切な土地開発に伴う多くの問題が明らかになってきた。

セラードにおいて安定した生産の鍵となるのは、土壌の保全と肥沃度である。というのは、土壌の有機物を維持し増やすことは最重要課題だからである。このため、NGOや政府機関に所属する研究者は *Crotalaria juncea* や *Stizolobium atterrimum* のような緑肥の利用促進に注力してきた。通常の雨季であれば、単一栽培による収量と比べ、緑肥の後に植えられた穀物の収量は、最大で46%増えたと報告されている。緑肥利用の最も一般的な方法は主要作物を収穫した後にマメ類を植えるというものであるが、緑肥はより生育期間の長い作物と混作することもできる。トウモロコシと緑肥の混作の場合、最大の収穫は *S. atterrimum* の種子をトウモロコシの30日後に撒いた時に達成された［Spehar and Souza 1999］。

NGOのAS-PTA（Agricultura Familiar e Agroecologia：家族農業とアグロエコロジー）が率いるより最近のプロジェクトでは、パライバ州の半乾燥地域にある15の行政区において、15の農村労働者組合、150のコミュニティ組織、1つの環境保護志向の農家の地域組織が対象となった。また、ボルボレマ地域の5000家族以上がかかわるアグロエコロジーの技術革新を進めるネットワークを通して、NGOのプロジェクトは80のコミュニティにシード・バンクを設置し、1700家族に1万6500kgの地元産の在来種子を配布するとともに、1万7900本以上の苗木を生産することができた。苗木は30km以上に及ぶ生垣として植えられ、100以上の農場に果樹を提供した。プロジェクトでは556の貯水タンクが設置されたことにより、干ばつの際にも菜園での野菜栽培が可能になった［Cazella, Bonnal and Maluf 2009］。

3　多様化されたファーミングシステムのパフォーマンスの測定

農場の規模と生産性の関係について多くの議論がなされてきたが［Dyer 1991; Dorward 1999; Lappé, Collins and Rosset 1998: Ch.6］、1つの作物の収量ではなく総生産でみるならば、概して大規模な農場よりも小規模な農場の方がはるかに生産性の高いことをアグロエコロジストは示してきた［Rosset 1999b］。1種類の作物の収量を測るだけでは、多様化された農場の真の生産性を測定することにはならない。そのような農場では総生産——農場で生産されたすべての物——こそが土地の生産性の真の尺度となる。単一の作物のみの収量を測るならば、単作の農場に有利な比較を行うことになる。例えば、モノカルチャーではトウモ

ロコシのみを生産するが、アグロエコロジー的な農場では同じ ha で何十もの生産物を育てているかもしれない。後者では、本当の生産性は ha ごとに生産された総量であるから、単一作物の生産（「収量」）を測ることは意味をなさない。

　小規模農家が穀物、果物、野菜、飼料、動物性食品を生産する統合的な農業システムの生産は、大規模農場におけるトウモロコシのような単一作物の収量を上回る。大規模農場は小規模農場よりも ha あたり多くのトウモロコシを生産するかもしれないが、小規模農場ではトウモロコシはマメ類、カボチャ、ジャガイモ、飼料を含むポリカルチャーの一環として栽培される。しかしすべての生産量が測定されたら、小規模で生物多様性のある農場はモノカルチャーの大規模農場よりも生産性が高い。小規模農家によるポリカルチャーでは、区画あたり収穫可能な生産物量でみた生産性は、同じ水準の管理を施したモノカルチャーの場合よりも高くなる。生産性の優位は20〜60％に達し得る。なぜなら混作は、雑草や病虫害による損失を減らし、水、光、栄養分といった利用可能な資源をより効率的に利用するからである［Beets 1990］。こうした収量上の優位を評価するのに役立つ指標として、LER（Land Equivalent Ratio：土地等価比率）がある。LER は、2つ以上の作物を混作すること（ポリカルチャー）の優位性を、他の条件が同一と仮定した上で、同じ作物をそれぞれ単作で育てた（モノカルチャー）場合と比べて測るものである。LER は以下の式のように算出される。

$$LER = \sum (Y_{p_i} / Y_{m_i})$$

　　Yp：ポリカルチャーの下でのそれぞれの作物の収量
　　Ym：それぞれの作物をモノカルチャーで生産した場合の収量

　各作物（i）についてそれぞれ LER が計算され、それらを合計することで LER が得られる。LER が1.0の場合、混作と単作（の集計）の間に生産性において違いはないことになる。1.0よりも大きければ、混作に生産上の優位がある。例えば LER が1.5だとすると、同じだけの総生産物を作るのに、単作では混作よりも50％多くの土地が必要ということになる［Vandermeer 1989］。

　ミルパ（milpa、主食のトウモロコシにマメ、カボチャ、その他の植物種を組み合わせた伝統農法）の実践は、メソアメリカの多くの農村コミュニティにおいて食

料安全保障の基礎をなしている［Mariaca Méndez et al. 2007］。Isakson（2009）の研究によれば、ほとんどの小農は換金作物や他の経済活動を通じて収入を増やし得ることに十分気づいているものの、調査世帯の99％はミルパを家族の食料安全保障の中心として捉えていた。どれだけの現金を生み出すかという経済的観点からのみミルパを評価すると、この側面を見落としてしまうのは明らかである。小農世帯の食料安全保障にとってミルパは、それが生み出すカロリーよりもはるかに大きな貢献をしている。ミルパは家族の基礎的な食物ニーズをほぼ満たすことができる。メキシコでは、1 ha の伝統的ミルパが生産する食料に相当するトウモロコシを生産するために1.73 ha の土地が必要である。さらに、トウモロコシ、カボチャ、マメ類のポリカルチャーでは、飼料ないし肥料として利用できる残渣が ha あたり 4 t（乾燥重量）に達し得るが、トウモロコシのモノカルチャーの場合は 2 t にとどまる。ブラジルの乾燥地帯では、間作用にトウモロコシの代わりにモロコシが栽培されるが、それによりササゲやマメの生産能力は変わらず、LER 値は1.25から1.58となる。モロコシは干ばつへの耐性が強いので、この混作システムにより生産は安定する［Francis 1986］。

　モノカルチャーとポリカルチャーの実績を比較する別の方法として、作物生産と家畜の 飼育に費やされる直接的なエネルギー投入を比較することがある。小農や有機農家による実践は慣行的なモノカルチャーよりもエネルギー効率が高いことを研究結果は示している。高地マヤ地域の典型的なトウモロコシ農場において、労働投入に対し生み出されるエネルギー量の比率が十分に高いため、ポリカルチャーが継続されている。1 ha の土地で農業をすると、通常は年間423万692カロリー相当の収穫物を生産するのに395時間の労働が必要となる。1時間の労働でおよそ1万700カロリーが生み出される計算になる。大人 3 人、子ども 7 人からなる家族で年間約483万カロリーのトウモロコシを消費するので、このような混作システムでは5～7人からなる典型的家族の食料エネルギーを充たしている［Wilken 1987］。こうしたシステムはまた、エネルギー量でみた投入と産出の比率においても優れている。メキシコ高原の手作業への依存度の高い焼き畑では ha あたり約1940kg のトウモロコシが収穫されるが、エネルギー産出と投入の比率は11：1となる。グアテマラでは同様の農場の収量は約1066kgだが、エネルギー効率は4.84：1となる。役畜を利用すると、収量は必ずしも増えないものの、エネルギー効率は3.33：1あるいは4.34：1へと下がる。肥料や農薬を利用すれば収量は 5 ～ 7 t まで増加するが、エネルギー比率は2.5：1

図3-2　キューバ、サンクティ・スピリトゥス州の33の農場における生産　2008年

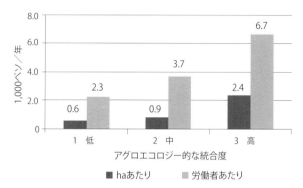

注：カテゴリーはアグロエコロジー的な統合度を順位付けたものである（1＝低、2＝中、3＝高）。
出所：Machín Sosa et al. (2013)

以下とかなり非効率である［Pimentel and Pimentel 1979］。

　イギリスで行われた有機栽培と慣行栽培による7種類の農作物の比較研究によれば、すべての有機農作物において機械に投入されるエネルギー需要量がより高かった。しかしながら、機械へのエネルギー需要増は化学肥料と農薬を使わないことによって節約できるエネルギー量を上回ることはなかった［Lotter 2003］。Pimentel et al.（2005）によれば、生産物あたりのエネルギーの総利用はニンジンを除いて有機農業の方が低かった。ニンジンの場合、雑草を焼き払うために多くのエネルギーが必要とされた。平均すると、有機農産物の総エネルギー需要は15％低かった。有機農業においてエネルギー投入への依存が減ることにより、エネルギー価格の高騰ひいては農業投入財価格の変動に対する脆弱性を軽減する。

　キューバでは、Machín Sosa et al.（2013）と Rosset et al.（2011）が33の農場の経済的な生産性について、アグロエコロジー的な統合度を低いものから高度なものまで3段階に分けて比較を行っている（図3-2）。上述の研究結果とも一致するのだが、農場がアグロエコロジー的であるほど、区画あたりの総生産性が高くなることが示された。興味深いことに、労働生産性も農場のアグロエコロジー的な統合度に応じて高かった。このことが示唆するのは、モノカルチャーでは労働を要する作業をポリカルチャーでは生態系機能が肩代わりしていることである（例えば、背の高い混作作物や樹木が雑草の繁殖を抑え、除草の手間を省くなど）。

4 気候の変動性に対するレジリエンス

　多くの研究者が見出してきたことだが、高い気候リスクに晒されているにもかかわらず、先住民族と地域コミュニティは気候条件の変化に能動的に対応し、気候変動に対する彼らの臨機応変さとレジリエンスを示してきた。農場や家畜における遺伝的多様性および種の多様性を維持するという戦略は、不確実な気候条件において低リスクの緩衝材となる［Altieri and Nicholls 2013］。空間においてだけでなく季節に応じても多様性を作り出すことにより、伝統的な農家は、一時的な気候の変化の影響を受けやすいシステムに一層の機能的生物多様性とレジリエンスを加えるのである。世界各地の172の事例研究とプロジェクト報告書をレビューした研究によれば、伝統的農家の利用するような農業生物多様性は、様々な戦略（多くの場合、戦略の組み合わせ）を通してレジリエンスに貢献している。それらの戦略の例として、生態系の保全と回復、土壌と水資源の持続可能な利用、アグロフォレストリー、ファーミングシステムの多様化、耕作手法における様々な調整、ストレス耐性のある作物の栽培などが挙げられる［Mijatovic et al. 2013］。

　ハリケーン・ミッチ後に中央アメリカの山間地でなされた調査によると、被履作物や混作、アグロフォレストリーなどにより多様化を図った農家では、近隣の慣行的な単作農家と比べ、作物の損失、土壌侵食、深い溝の形成といった点における被害が少ないことが分かった。カンペシーノ運動が率いた同調査では、100の農民技術者からなるチームを動員し、隣接する1804のアグロエコロジー実践農場と慣行農場を対象に、特定のアグロエコロジー指標について二郡間比較分析を行った。調査は、ニカラグア、ホンジュラス、グアテマラ３カ国の24県、360のコミュニティを含んでいた。それによると、アグロエコロジー実践農場は近隣の慣行農場と比べ、20〜40％表土が多く、土壌水分も多い一方で、土壌浸食と経済的な損失が少なかった［Holt-Giménez 2002］。同様に、メキシコ、チアパス州のソコヌスコでは、複雑な植生と植物多様性を有するコーヒー農園の方が、より単純なシステムからなるコーヒー農園よりもハリケーン「スタン」による被害が少なかった［Philpott et al. 2008］。ハリケーン「アイク」がキューバを直撃してから40日後にオルギン州とラス・トゥナス州においてなされた農場調査によれば、多様化された農場は、近隣の単作農家が90〜

100％の被害を受けたのと比べ、50％の被害で済んだことを見出した。同じように、アグロエコロジーの手法をもって管理された農場では、単作の農場よりも生産能力の回復が早いことが分かった（ハリケーン後40日で80〜90％）［Rosset et al. 2011］。

　コロンビアでは、アグロエコロジー的に統合された持続可能な農業実践として、ISS（Intensive Silvopastoral System：集約的林畜複合経営システム）をあげることができる。それは、アグロフォレストリーと畜産を組み合わせたものであり、樹木とヤシの林床に牧草と飼料用灌木を密集して植える。2009年はカウカシ渓谷で記録的に乾燥した年であり、降雨量は平年と比べ44％も少なかった。そうした状況下でこのシステムはよく機能した。牧草のバイオマスは25％減少したものの、樹木と灌木による飼料の生産は年間を通じて安定しており、干ばつによる損失を緩和した。驚くべきことに、畜産の乳量は前の４年間と比べて10％増で、最高を記録した。一方で、モノカルチャー的な牧草に頼る近隣の牧畜農家の間では、飢えと渇きによる家畜の深刻な体重減と高い死亡率が報告されている［Murgueitio et al. 2011］。

　これまで紹介してきた研究はすべて、極端な気候現象に対する脆弱性を減らすために、農業システムにおいて植物の多様性と複雑性を高めることが重要であることを示している。先行研究の示唆するところでは、農業生態系は、複雑な景観の中に組み込まれ、有機物に富んだ土壌と水の保全技術を有する、遺伝的に不均質で多様化された作物システムである場合、レジリエンスが高まる（図3-3）。大半の研究は農業生態系の生態学的なレジリエンスに注目する一

図3-3　農業生態系のレジリエンス

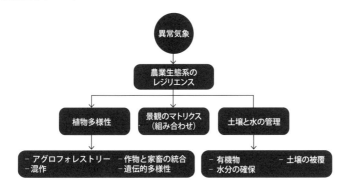

方、そのようなシステムを管理する農村コミュニティの社会的レジリエンス
についてはわずかしか書かれていない。集団ないしコミュニティの外部から
の社会的、政治的、環境上のストレスに対する適応力は、生態学的なレジリエ
ンスと補い合う必要がある。レジリエンスを持つために、農村社会は、自己組
織化と互恵性、集団行動を通じて導入され普及していくアグロエコロジー的な
手法を用いて、混乱の衝撃を和らげる能力があることを示さなければならない
［Tompkins and Adger 2004］。また、ローカルかつより大きな地方のレベルで社会
ネットワークを拡大し強化することを通じて社会的脆弱性を減らすことにより、
農業生態系のレジリエンスを高めることができる。農業コミュニティの脆弱
性は、自然資本と社会資本がどのように発展しているか次第である。それらは、
農家とファーミングシステムが気候変動に対しどの程度脆弱であるのかを左右
するのである［Altieri et al. 2015］。大半の伝統的コミュニティは、その農場が柔
軟に気候変動に対応することを可能にする一連の社会的、アグロエコロジー的
な前提条件を依然として維持している。

参考文献

Action Aid. 2011. "Smallholder-led sustainable agriculture." <http://www.actionaid.org/publications/smallholder-led-sustainable-agriculture-actionaid-international-briefing>.

Altieri, M.A. 1995. *Agroecology: The Science of Sustainable Agriculture*. Boulder, CO: Westview Press.

_____. 1999. "Applying agroecology to enhance productivity of peasant farming systems in Latin America." *Environment, Development and Sustainability*, 1: 197–217.

_____. 2002. "Agroecology: The science of natural resource management for poor farmers in marginal environments." *Agriculture, Ecosystems and Environment*, 93: 1–24.

_____. 2005. "The myth of coexistence: Why transgenic crops are not compatible with agroecologically based systems of production." *Bulletin of Science, Technology & Society*, 25, 4: 361–371.

Altieri, M.A., Andrew Kang Bartlett, Carolin Callenius, et al. 2012. *Nourishing the World Sustainably: Scaling Up Agroecology*. Geneva: Ecumenical Advocacy Alliance.

Altieri, M.A., and O. Masera. 1993. "Sustainable rural development in Latin America: Building from the bottom up." *Ecological Economics*, 7: 93–121.

Altieri, M.A., and C.I. Nicholls. 2008. "Scaling up agroecological approaches for food sovereignty in Latin America." *Development*, 51, 4: 472–80. <http://dx.doi.org/10.1057/dev.2008.68>.

_____. 2012. "Agroecology: Scaling up for food sovereignty and resiliency." *Sustainable Agriculture Reviews*, 11.

_____. 2013. "The adaptation and mitigation potential of traditional agriculture in a changing climate." *Climatic Change*.

Altieri, M.A., C.I. Nicholls, A. Henao and M.A. Lana. 2015. "Agroecology and the design of climate change-resilient farming systems." *Agronomy for Sustainable Development*, 35: 869–890.

Altieri, M.A., F. Funes-Monzote and P. Petersen. 2011. "Agroecologically efficient agricultural systems for smallholder farmers: Contributions to food sovereignty." *Agronomy for Sustainable Development* 32, 1.

Altieri, M.A., P. Rosset, and L.A. Thrupp. 1998. "The potential of agroecology to combat hunger in the developing world." 2020 Brief 55, International Food Policy Research Institute (IFPRI), Washington, DC.

Altieri, M.A., and V.M. Toledo. 2011. "The agroecological revolution in Latin America: Rescuing nature, ensuring food sovereignty and empowering peasants." *Journal of Peasant Studies*, 38: 587–612.

Bachmann, L., E. Cruzada and S. Wright. 2009. *Food Security and Farmer Empowerment: A Study of the Impacts of Farmer-Led Sustainable Agriculture in the Philippines*. Masipag-Misereor, Los Banos, Philippines.

Beets, WC. 1990. *Raising and Sustaining Productivity of Smallholders Farming Systems in the Tropics*. Alkmaar, Netherlands: AgBe Publishing.

Buckles, D., B. Triomphe, and G. Sain. 1998. *Cover Crops in Hillside Agriculture: Farmer Innovation with Mucuna*. Ottawa, Canada: International Development Research Centre.

Bunch, R. 1990. "Low-input soil restoration in Honduras: The Cantarranas farmer-to-farmer extension project." *Sustainable Agriculture Gatekeeper* Series SA23, London, IIED.

Cazella, A.A., P. Bonnal, and R.S. Maluf. 2009. *Agricultura familiar: Multifuncionalidade e desenvovimento territorial no Brasil*. Sao Paulo: Mauad.

Christian Aid. 2011. "Healthy harvests: The benefits of sustainable agriculture in Asia and Africa." <http://www.christianaid.org.uk/images/Healthy-Harvests-Report.pdf>.

Critchley, W.R.S., C. Reij, and T.J. Willcocks. 2004. "Indigenous soil water conservation: A review of state of knowledge and prospects for building on traditions." *Land Degradation and Rehabilitation*, 5: 293–314.

Derpsch, R., and A. Calegari. 1992. *Plantas para adubacao de inverno*. IAPAR, Londrina, Circular.

De Schutter, O. 2011. *Agroecology and the Right to Food*. United Nations Human Rights Council Official Report, Geneva, Switzerland.

Dorward, A. 1999. "Farm size and productivity in Malawian smallholder agriculture." *Journal of Development Studies*, 35: 141–161.

Dyer, G. 1991. "Farm size-farm productivity re-examined: Evidence from rural Egypt." *Journal of Peasant Studies*, 19, 1: 59–92.

Erickson, C.L., and K.L. Chandler. 1989. "Raised fields and sustainable agriculture in the lake Titicaca Basin of Peru." In J.O. Browder (ed.), *Fragile Lands of Latin America*. Boulder, CO: Westview Press.

ETC Group. 2009. "Who will feed us? Questions for the food and climate crisis." ETC Group Comunique #102.

Francis, C.A. 1986. *Multiple Cropping Systems*. New York, MacMillan.

Funes Aguilar, F., L. García, M. Bourque, N. Pérez, and P. Rosset (eds.). 2002. *Sustainable Agriculture and Resistance: Transforming Food Production in Cuba*. Oakland: Food First Books.

Funes Aguilar, F., and L.L. Vázquez Moreno (eds.). 2016. *Avances de la Agroecología en Cuba*. Matanzas, Cuba: Estación Indio Hatuey.

Funes-Monzote, F.R. 2008. "Farming like we're here to stay: The mixed farming alternative for Cuba." PhD thesis, Wageningen University. <http://edepot.wur.nl/122038>.

Funes-Monzote, F.R., M. Monzote, E.A. Lantinga et al. 2009. "Agro-ecological indicators (AEIs) for dairy and mixed farming systems classification: Identifying alternatives for the Cuban livestock sector." *Journal of Sustainable Agriculture*, 33, 4: 435–460.

Garrity, D. 2010. "Evergreen agriculture: A robust approach to sustainable food security in Africa." *Food Security*, 2: 197–214.

Guijt, I. 1998. *Assessing the Merits of Participatory Development of Sustainable Agriculture: Experiences from Brazil and Central America. Mediating Sustainability*. Bloomfield, CT: Kumarian Press.

Holt-Giménez, E. 2002. "Measuring farmers' agroecological resistance after Hurricane Mitch in Nicaragua: A case study in participatory, sustainable land management impact monitoring." *Agriculture, Ecosystems and Environment*, 93: 87–105.

_____. 2006. *Campesino a Campesino: Voices from Latin America's Farmer to Farmer Movement for Sustainable Agriculture*. Oakland: Food First Books.

IFAD. 2004. "The adoption of organic agriculture among small farmers in Latin America and the Caribbean." <http://www.ifad.org/evaluation/public_html/eksyst/doc/thematic/pl/organic.htm>.

Isakson, S.R. 2009. "No hay ganancia en la milpa: The agrarian question, food sovereignty, and the on-farm conservation of agrobiodiversity in the Guatemalan highlands." *Journal of Peasant Studies*, 36, 4: 725–759

Khadse, A., P.M. Rosset, H. Morales, and B.G. Ferguson. 2017. "Taking agroecology to scale: The Zero Budget Natural Farming peasant movement in Karnataka, India." *The Journal of Peasant Studies*, DOI: 10.1080/03066150.2016.1276450.

Khan, Z.R., K. Ampong-Nyarko, A. Hassanali and S. Kimani. 1998. "Intercropping increases parasitism of pests." *Nature*, 388: 631–632.

Koohafkan, P., and M.A. Altieri. 2010. *Globally Important Agricultural Heritage Systems: A Legacy for the Future*. UN-FAO, Rome

Lappé, F.M., J. Collins and P. Rosset. 1998. *World Hunger: Twelve Myths*, second edition. New York: Grove Press.

Lotter, D.W. 2003. "Organic agriculture." *Journal of Sustainable Agriculture*, 21: 37–51.

Machín Sosa, B., A.M.R. Jaime, D.R.Á. Lozano, and P.M. Rosset. 2013. "Agroecological revolution: The farmer-to-farmer movement of the ANAP in Cuba." Jakarta: La Vía Campesina. <http://viacampesina.org/downloads/pdf/en/Agroecological-revolution-ENGLISH.pdf>.

Mariaca Méndez, R., J. Pérez Pérez, N.S. León Martínez and A. López Meza. 2007. *La Milpa de los Altos de Chiapas y sus Recursos Genéticos*. Mexico: Ediciones De La Noche.

Mijatovic, D., F. Van Oudenhovenb, P. Pablo Eyzaguirreb and T. Hodgkins. 2013. "The role of agricultural biodiversity in strengthening resilience to climate change: Toward an analytical framework." *International Journal of Agricultural Sustainability*, 11, 2.

Murgueitio, E., Z. Calle, F. Uribea, et al. 2011. "Native trees and shrubs for the productive rehabilitation of tropical cattle ranching lands." *Forest Ecology and Management*, 261: 1654–1663.

Ortega, E. 1986. *Peasant Agriculture in Latin America*. Santiago: Joint ECLAC/FAO Agriculture Division.

Owenya, M.Z., M.L. Mariki, J. Kienzle, et al. 2011. "Conservation agriculture (CA) in Tanzania: The case of Mwangaza B CA farmer field school (FFS), Rothia Village, Karatu District, Arusha." *International Journal of Agricultural Sustainability*, 9: 145–152. <http://www.fao.org/ag/ca/ca-publications/ijas2010_557_tan.pdf>.

Philpott, S.M., B.B. Lin, S. Jha and S.J. Brines. 2008. "A multi-scale assessment of hurricane impacts on agricultural landscapes based on land use and topographic features." *Agriculture, Ecosystems and Environment*, 128: 12–20.

Pimentel, D., P. Hepperly, J. Hanson, et al. 2005. "Environmental, energetic and economic comparisons of organic and conventional farming systems." *Bioscience*, 55: 573–582.

Pimentel, D., and M. Pimentel. 1979. *Food, Energy and Society*. Edward Arnold, London.

Pretty, J., and R. Hine. 2009. "The promising spread of sustainable agriculture in Asia." *Natural Resources Forum*, 2: 107–121.

Pretty, J., J.I.L Morrison and R.E. Hine. 2003. "Reducing food poverty by increasing agricultural sustainability in the development countries." *Agriculture, Ecosystems and Environment*, 95: 217–234.

Pretty, J., C. Toulmin and S. Williams. 2011. "Sustainable intensification in African agriculture." *International Journal of Sustainable Agriculture*, 9: 5–24.

Reij, C. 1991. "Indigenous soil and water conservation in Africa." IIED Gatekeeper Series No 27, London. <http://pubs.iied.org/pdfs/6104IIED.pdf>.

Reij, C.P., and E.M.A. Smaling. 2008. "Analyzing successes in agriculture and land management in Sub-Saharan Africa: Is macro-level gloom obscuring positive micro-level change?" *Land Use Policy*, 25: 410–420.

Reij, C., I. Scoones and T. Toulmin. 1996. *Sustaining the Soil: Indigenous Soil and Water Conservation in Africa*. London: Earthscan.

Rosset, P.M. 1999b. *The Multiple Functions and Benefits of Small Farm Agriculture*. Food First Policy Brief #4. Oakland: Institute for Food and Development Policy.

Rosset, P.M., B. Machín Sosa, A.M. Jaime and D.R. Lozano. 2011. "The campesino-to-campesino agroecology movement of ANAP in Cuba: social process methodology in the construction of sustainable peasant agriculture and food sovereignty." *Journal of Peasant Studies*, 38, 1: 161–191.

Sanchez, J.B. 1994a. "La Experiencia en la Cuenca del Río Mashcón." *Agroecologia y Desarrollo* 7: 12–15.

Sanchez, J.B. 1994b. "A seed for rural development: The experience of EDAC-CIED in the Mashcon watershed of Peru." *Journal of Learnings*, 1: 13–21.

SANE. 1998. *Farmers, NGOs and Lighthouses: Learning from Three Years of Training, Networking and Field Activities*. Berkeley: SANE-UNDP.

Spehar, C.R., and P.I.M. Souza. 1996. "Sustainable cropping systems in the Brazilian Cerrados." *Integrated Crop Management*, 1: 1–27.

Stoop, W.A., N. Uphoff, and A. Kassam. 2002. "A review of agricultural research issues raised by the system of rice intensification (SRI) from Madagascar: Opportunities for improving farming systems." *Agricultural Systems*, 71: 249–274.

Tompkins, E.L., and W.N. Adger. 2004. "Does adaptive management of natural resources enhance resilience to climate change?" *Ecology and Society*, 9, 2: 10.

Treacey, J.M. 1989. "Agricultural terraces in Peru's Colca Valley: Promises and problems of an ancient technology." In John O. Browder (ed.), *Fragile Lands of Latin America*. Boulder, CO: Westview Press.

U.K. 2011. *UK Government's Foresight Project on Global Food and Farming Futures*. London: The UK Government Office for Science.

UN-ESCAP. 2009. *Sustainable Agriculture and Food Security in Asia and the Pacific*. Bangkok.

UNEP-UNCTAD. 2008. "Organic agriculture and food security in Africa." New York: United Nations. <http://www.unctad.org/en/docs/diteted200715_en.pdf>.

Uphoff, N. 2002. *Agroecological Innovations: Increasing Food Production with Participatory Development*. London: Earthscan.

_____. 2003. "Higher yields with fewer external inputs? The system of rice intensification and potential contributions to agricultural sustainability." *International Journal of Agricultural Sustainability*, 1: 38–50.

Vandermeer, J. 1989. *The Ecology of Intercropping*. Cambridge, UK: Cambridge University Press.

Wilken, G.C. 1987. *Good Farmers: Traditional Agricultural Resource Management in Mexico and Guatemala*. Berkeley: University of California Press.

Wolfenson, K.D.M. 2013. "Coping with the food and agriculture challenge: Smallholders agenda." Rome: UN-FAO.

Zougmore, R., A. Mando, and L. Stroosnijder. 2004. "Effect of soil and water conservation and nutrient management onthe soil-plant water balance in semi-arid Burkina Faso." *Agricultural Water Management*, 65: 102–120.

メキシコ、ユカタン州マニにある U Yits Ka'an アグロエコロジー農民学校。マヤ農民間での技術の伝達を重視する ［Atilano Ceballos 提供］

第**4**章

アグロエコロジーの普及に向けて

　前章までみてきたように、小農や家族経営によるアグロエコロジーの要素を取り入れた農業は、民衆にとっても地球にとっても工業的農業よりも大きな強みを持っている。にもかかわらず、なぜそれは支配的なパラダイムとならないのだろうか。多様な形態の伝統的農業と食料の自給的営みが、アグロエコロジー的要素の度合いは様々であるにせよ、今日でも人類の大半を養っている［ETC Group 2009, 2014; GRAIN 2014］。しかし、現在あるいは過去において何らかの形態の慣行「近代的」農業が行われてきた地域では、支配的なパラダイムは依然として商品種子、単一栽培と化学投入財に依拠している。本書で「支配的（dominant）」というとき、認識論的な意味合いだけでなく、そうした地域でほとんどの農家が規模の大小を問わず、ある種の慣行農業を実践しているという意味でも使っている。

　これらの地域では、アグロエコロジーを志向する農家は、有機農家の間でも少数派のようである。「有機」は辛うじて主要な機関（農業省、農業技術普及局、農学部、農村開発銀行、マスメディアなど）の話題に登場する一方、「アグロエコロジー」に至ってはまったく無視されているように思える（最近はそうでもないのだが、それについては次章で論じる）。言い換えれば、ファーミングシステムのアグロエコロジー的転換に好意的な議論は多いものの、より広いテリトリーでより多くの家族によってアグロエコロジーが実践されるよう、いかに普及させていくのかという挑戦が残っているのである。

1　アグロエコロジーの拡充と拡散

　アグロエコロジーをいかに普及させるかについての我々の理解は緒に就いたばかりである。アグロエコロジーの技術的側面についての研究が優遇され

る傾向にある一方で、その社会科学的側面についての研究は弱いままである
[Rosset et al. 2011; Méndez, Bacon and Cohen 2013; Rosset 2015b; Dumont et al. 2016]。ア
グロエコロジーは、一連の農業実践であり、生態学の理論に基づく科学の分野で
あるにとどまらず、成長する社会運動でもある [Wezel et al. 2009]。その社会的
側面を分析すれば、いかにして普及できるかについて重要な洞察が得られる。
これは技術的、農学的な側面を軽視するということでは一切ない。本章以下で
は、読者にはそうした側面が前提とされていることを理解して欲しい。

　地域発のイノベーションや農村開発の手法の成功例をいかに広めるかという
問いについては、アグロエコロジーに特に焦点が当てられたものではなかった
にせよ、何年もの間、幾度となく研究されてきた。Uvin and Miller (1996: 346)
は、普及化プロセスを分類することを提案している。まず、「量的普及」にお
いては、プログラムや組織が参加する人や家族の数を増やしたり、対象地域を
広げたりすることを通じて、規模を広げる。この種の普及は最も分かりやすく、
成長や拡大に相当する。「機能的普及」とは、例えば農業実践への関心に栄養
分野を追加するといった具合に、プログラムや組織が新たな活動に取り組むこ
とを意味する。最後に、「組織的普及」は地元のあるいは草の根の組織が強化
され、その有効性、効率性と持続性が改善されることを意味する。筆者らはこ
れらの普及化プロセスについて、さらにいくつかの構成要素に分解している。
例えば、量的普及の場合、より多くの個人、家族ないし集団が普及化のプロセ
スに引き込まれるという「拡がり」を通じて、普及化プロセスが別の所で繰り
返されるという「複製（replication）」を通じて、第三者（ドナーや外部 NGO 等）
が内生的なプロセスを受け入れ支援するという「育成」を通じて、いくつかの
仲間集団や組織がそれぞれのプロセスを一体化するという「水平的集合」を通
じて、さらには政府の農業普及所のような公的機関がある方法論とプロセスを
引き受け大衆に広めるという「統合」を通じてなど、様々な経路を通じて達成
され得る。

　2000年に国際農村再建研究所（IIRR）がフィリピンにおいて、「普及に向け
て：より多くの人に、より早く、より多くの便益をもたらすことができるの
か？」という題の会議を開催した。題名は主催者の提案する普及の操作上の定
義を示している。普及は、図4-1に示されるように、いわゆる「水平的な拡充
（Uvin と Miller のいう量的普及に相当）」と「垂直的な拡散（政治的普及に相当）」と
いう 2 つの範疇に大別される。

　この概念化では、水平的な拡大は地理的な広がりと数量の増加のことを指す。より多くの人びとや家族、コミュニティの間で広まっていくのだが、広まるのは技術というよりも技術やイノベーションの背後にあるプロセスや原理とされた［IIRR 2000］。この原理の強調は、アグロエコロジーの普及プロセスを扱う場合、重要となる。国際熱帯農業センター（CIAT）の Pachico と Fujisaka が編纂した文献は議論の全体をまとめているが、今では広く受け入れられている用語を用いている。すなわち、拡散（scaling-out）は量的、地理的な普及を意味し、拡充（scaling-up）は公共政策や公的機関による支援の制度化を意味する［Pachico and Fujisaka 2004］。

　アグロエコロジーに関して言えば、「拡充」は、教育であれ、訓練であれ、研究であれ、技術普及であれ、信用であれ、市場であれ、何であれ、アグロエコロジーを支援する政策の制度化を意味する。これに対し「拡散」は、最も厳

図4-1　普及の水平的および垂直的な次元

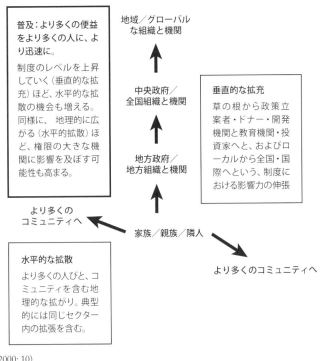

出所：IIRR (2000: 10)

密に定義すれば、より多くの家族がより広いテリトリーで何らかの形のアグロエコロジー的な農業を行うことを意味する。しかしながら、この意味での「拡散」は「拡充」の目標でありレゾンデートル（存在理由）でもあることから、「拡充」がアグロエコロジーの普及に関する一般的な用語として使われるようになってきている［Parmentier 2014; von der Weid 2000; Holt-Giménez 2001, 2006; Altieri and Nicholls 2008; Rosset et al. 2011; Rosset 2015b; McCune 2014; McCune et al. 2016: Khadse et al. 2017］。とはいえ、「テリトリー化する」、「アグロエコロジーのテリトリーを築く」、アグロエコロジーを「大衆化する」あるいは「拡張する（amplify）」等の表現を用いる人もいる［Muterlle and Cunha 2011; Rosset and Martínez-Torres 2012; Machín Sosa et al. 2013; Rosset 2006, 2015a, 2015b; Bruil and Milgroom 2016, Wezel et al. 2016］。

2　アグロエコロジーの拡散を阻む障害

アグロエコロジーを普及するにあたって克服しなければならない主な制約と障害は、以下のようなものである［Alonge and Martin 1995; Sevilla Guzmán 2002; Carolan 2006; Altieri et al. 2012; Parmentier 2014］。

- 土地に関する権利問題：ほとんどの国々では、土地へのアクセスがないことや土地に関する権利が不安定であることがアグロエコロジーを実践するにあたっての大きな障害となっている。所有権が不安定だと、農家がアグロフォレストリーに取組み、土壌の保全に労力を投じることは難しくなる。土地がなければ、アグロエコロジーを実践に移すことはできない。
- 農民の知識と情報の必要性：小農や農民の知識の多くは、何十年もの緑の革命と農業近代化の過程で失われた。アグロエコロジーの実践は非常に複雑で集中的な管理を要するので、それを導入するには、より多くの学習、特に農民間の水平的なメカニズムを通じた学習が不可欠となる。
- 絶えない偏見、イデオロギーと認識論的な障壁、実践知の不足：誤解や情報の欠如は至るところでみられる。アグロエコロジーを「過去への回帰である」「限界地での自給自足的な農業にのみ適用可能である」「決して世界を養うことはできない」とする考えのせいで、その実践を本気で支援しようという動きを阻害してしまう。公務員、研究者や技術普及員は慣行的なアプローチを勧める私的利害の影響を受ける。農学のカリキュラムは工業

的な慣行農業を利するよう組まれたままである。西洋の、デカルト的な還元主義の科学は、より全体論的なアグロエコロジーと親和性がない。アグロエコロジーにおいては、多くの場合、相乗的で高次元の相互作用が投入財の直接的な効果よりも重要である。

・場の特性：アグロエコロジーの原理は普遍的な適用可能性を持つが、これらの原理を実際に運用する際には、それぞれの場所において支配的な環境および社会経済的な諸条件に見合った技術が求められる。こうした場の特性は、地域に根差した研究とイノベーション、特に農家の創造性が解き放たれることを要請する。

・農民組織の欠如：多くの農民にとって、共同の実験的試みやアグロエコロジーの情報交換のための社会的ネットワークがないことは、アグロエコロジー的なイノベーションの導入と普及にとっての大きな制約となる。最も成功した諸事例は大抵、小農や農家の組織によって導かれてきた。

・経済的な壁：農家の多くは、慣行農業に要する高い費用とそれに伴う負債によって、技術的な「踏み車（treadmill）」（悪循環）に陥っている。貸し手は大抵、借り手たる農家に対して、アグロエコロジーのような実験的取り組み、ましてやファーミングシステムの改変など認めはしない。ファーミングシステムの（アグロエコロジーへの）移行と転換に対する資金援助はほとんど存在しない。これは特に、移行期間中に一時的な生産性の低下があり、かつそのような投資を評価し価格インセンティブで応えようという市場機会がほとんどない場合に当てはまる。

・国家の農業政策：アグロエコロジー的なアプローチを支持しない国の政策は、これらのオルタナティブを周縁的なものにとどまらせる大きな原因となっている。大半の国々は、アグロエコロジー的な生産システムへの移行に必要な経済環境を提供することに失敗し続けている。不適切な政策は、市場の失敗を常態化させており、しばしばアグロエコロジーの推進への大きな障害となる。多くの先進国で輸出農産物に補助金が継続的に与えられており、これが農産物の価格を押し下げる原因となっている。そうした状況が、アグロエコロジーを含む農業のイノベーションに投資するインセンティブを削いでいる。一般に農産物の実質価格は、農家が持続可能な農業に転換するための資金を得るにはあまりにも低すぎる。規制緩和された市場、民営化、自由貿易協定は小農にも消費者にも悪影響を及ぼす。この状

況は、政府補助金も荷担して農産物輸出とバイオ燃料が推進されることによって、国内向けの食料生産能力が体系的に掘り崩されていることにより、いっそう悪化している。

・インフラ問題：持続可能な農業が広く受け入れられるためにも、国家は、より多くのファーマーズ・マーケットの設置、環境に配慮した小規模農家の生産物の公的部門による買い取り等を含む新たな市場の創出、さらには農家が市場まで生産物を運ぶための輸送手段とに投資しなければならない。多くの国々では、被覆作物と緑肥の種子が十分な量だけ確保できていないことが、アグロエコロジーの普及にとって克服の困難な障壁となる場合もある。

3　組織が鍵

　アグロエコロジーの拡充を妨げる障害を克服するには組織が必要である。強力な組織と組織力なしでは、政策を変えるよう体系的に圧力をかけることはできない。同じことは、教育カリキュラムの改革や知識の水平的な伝達に効果的なプロセスの構築にも当てはまる。社会組織はアグロエコロジーが育つ培地であり、組織化を促す手法はアグロエコロジーの成長を促す。ある小農の家族や家族農家がいかなる組織にも属していないと想像してみよう。もしも彼らが自分の農場をアグロエコロジーに基づいて上手く転換できたとしても、他の農民が彼らの経験から学びたいと思うか、学ぶことができるのかは定かではない。しかし、もし彼らが意図的に農民同士の交流を実現する組織に属していたら、彼らの経験が相乗効果をもたらし得ることをはるかに容易に想像できるだろう。

　農村の社会運動と農家、小農組織の経験は、組織化の程度——社会運動では「組織度（organicity）」と呼ばれることもある——、および小農と農家が主役となる水平的な手法によってどこまで集合的な社会的プロセスが構築されているのかが、アグロエコロジーが広く普及するための鍵となることを示している。農民から農民への知識伝達プロセスや小農組織が運営するアグロエコロジー学校はその好例である［Holt-Giménez 2006; Rosset et al. 2011; Rosset and Martínez-Torres 2012; Machín Sosa et al. 2013; McCune, Reardon and Rosset 2014; Rosset 2015b; Khadse et al. 2017］。

　世界各地のアグロエコロジーの成功例をみてみれば、それぞれの事例におい

て社会組織と社会的プロセスの演じた重要な役割を確認することができる。その最も顕著な例は、最初にメソアメリカで、続いてキューバや他の地域でアグロエコロジーを拡散させたカンペシーノ運動の経験であろう［Kolmans 2006; Holt-Giménez 2006; Rosset et al. 2011; Machín Sosa et al. 2013］。これらの成功例のそれぞれにおいて、社会的プロセス手法の導入によって急速な成功が可能となったのである。

4　キューバのカンペシーノ運動

　アグロエコロジーの拡大をめぐる議論は、慣行農業の研究と技術普及のシステムが小農の家族に届き得るのか、適切なのかを疑う文献［Freire 1973］、とりわけ緑の革命よりもアグロエコロジーを推進する文献（Chambers 1990, 1993; Holt-Giménez 2006; Rosset et al. 2011 などを参照）において、同様に見出すことができる。

　トップダウン型の慣行農業の研究と技術普及の手法は、アグロエコロジー的で多様な農業を広く推進するためにはほとんど役に立たないことが示されてきた。一方で、社会運動や社会を活性化する手法には顕著な利点があるようにみえる［Rosset et al. 2011; Rosset 2015b; McCune 2014］。社会運動は多くの人びと——ここでは多くの小農家族——を自己組織化の過程に組み込む。そうすることで劇的にイノベーションの頻度が高まり、その広がりと適用が促されることになる。アグロエコロジーはその原理を各々の土地の現実に見合った形で応用するものであるが故、ローカルな知識や農家の創意が主要な役割を果たす必要がある。これは慣行農業と対照的である。慣行農業では、農家は技術普及員や販売業者にレシピとしてあらかじめ定められた勧告に従い、農薬や肥料を利用する。この技術普及員や農学者が中心で農家は受け身で参加するに過ぎない手法は、せいぜいのところ、個々の技術者が有効に対応できる小農の数に限定される。その結果、技術者から得た革新的な農法が、さらに農民自身の間で自発的に広まっていく動きはほとんどみられない。従って、これらの事例は結局のところ、予算の多寡、すなわち何人の技術者を雇えるかによって決まることになる。プロジェクトベースの農村開発 NGO の多くも、同様の問題に直面している。プロジェクトの資金サイクルが終われば、永続的な効果などほとんど残さないまま、実質的にはすべてがプロジェクト以前の状態に戻ってしまう

［Rosset et al. 2011］。

　先ほどおよび3章で述べた通り、農民によるイノベーションと水平的な共有、学習を最も効果的に推進する方法がカンペシーノ運動である。農民間でのイノベーションとその共有は太古の昔から存在するが、そのより現代的で形式化された手法が、グアテマラの農村で発展し、1970年代初頭にメソアメリカに広まったカンペシーノ運動である［Holt-Giménez 2006］。カンペシーノ運動は、農民プロモーターの役割に立脚した、フレイレ*)的な水平的コミュニケーションないし社会的プロセスである。農民プロモーターとは、共通の農業問題への解決方法を編み出した、あるいは古くからの伝統的解決方法を復活／再発見した農民であり、自分の農場を教室として使いながら、「大衆教育」によりその知識を仲間たちと共有する。カンペシーノ運動の基本的な信条は、農家は都会で育っただろう農学者の言葉よりも、自分の農場で上手く新しいやり方を使いこなしている農家のことを信じて見習うだろうというものである。仲間の農場を

図4-2　慣行的な農業技術の普及とカンペシーノ運動の比較

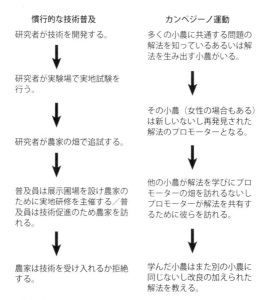

出所：Machín Sosa et al.(2013: 76)

---

*) Paulo Freire（1921～1997年）は、「被抑圧者の解放のための教育学」を唱えたブラジルの教育思想家で、のちの社会運動や学校教育批判に多大な影響を及ぼした。

訪問し、自らの目でイノベーションが機能しているのを確認できる場合は、な
おさらそうである。キューバの例では、農民は「百聞は一見にしかず」と語る
［Rosset et al. 2011］。

　慣行的な技術普及が農民の連帯を分断し得る一方で、カンペシーノ運動は彼
らを結集させる。というのも、技術を生み出し共有する過程で農民が主役とな
るからである（図4-2）。カンペシーノ運動は、小農の身近なニーズ、文化、環
境条件に基づく参加型の手法である。それは知識、熱意とリーダーシップを開
放することを通して、彼らに特有の歴史条件とアイデンティティに結び付いた、
家族とコミュニティの農業が蓄える豊かな知識を発見し、認識し、利用し、社
会化するのである。慣行的な技術普及では、大抵の場合、技術専門家の目的は
トップダウンに、小農の知識を、購入した化学肥料や農薬、種子や機械に置き
換えることであった。そこでの教育とはむしろ訓化に近い［Freire 1973; Rosset et
al. 2011］。Eric Holt-Giménez（2006）は、アグロエコロジー的な農業を推進する
ためにカンペシーノ運動を用いたメソアメリカにおける社会運動の経験を広く
記録したものである。彼はそれを「小農の教育学」と呼ぶ。

　キューバはカンペシーノ運動の社会的手法が最大の効果を発揮したところ
である。そこでは、ビア・カンペシーナのメンバーである全国小規模農民協
会（ANAP）が、全国組織の内部にアグロエコロジーのための草の根運動を構
築するという自覚的、明示的な目標を掲げてカンペシーノ運動を受け入れた
（Machín Sosa et al. 2010, 2013 や Rosset et al. 2011 に詳しい）。10年もしないうちに、ア
グロエコロジー的に統合され多様化されたファーミングシステムへの転換が、
キューバの小農家族の3分の1以上に広まった。これは驚くべき速さである。
同時期に、小農生産の国内農業生産全体に占める比重は劇的に高まっている。
これ以外にも、アグロエコロジーの普及には、化学肥料や農薬、その他の投入
財の購入が減る（自律性の高まり）、気候ショックに対するレジリエンスが強ま
るといった利点がみられた［Machín Sosa et al. 2013］。

　他でも論じたように［Rosset et al. 2011］、中央アメリカよりもキューバにおい
てアグロエコロジーがはるかに速く成長したのは、キューバの ANAP の示し
た組織度の高さ、そして同組織が強い意図をもってカンペシーノ運動の手法を
取り入れ推進したことによる。

5　インドの「ゼロ予算自然農法運動」

ZBNF（ゼロ予算自然農法）は、アグロエコロジーの普及に成功した農民運動のもう一つの例である。それは南インドで発展したが、程度の差こそあれ、今やインドのほとんどの州に広まっている。特に、タミル・ナードゥ州、アーンドラ・プラデーシュ州、ケーララ州という南部の諸州で普及がみられるが、最初に広まったのはカルナータカ州であった。インドの強力な中規模農民組織でビア・カンペシーナ に属している KRRS（Karnataka Rajya Raitha Sangha：カルナータカ・ラジャ・ライタ・サンガ）のメンバーの多くは、ZBNF のメンバーでもある。KRRS は言説と実践の双方で ZBNF を推進する。KRRS は最近、メンバーが ZBNF についての研修を受ける小農アグロエコロジー学校を開校した。ZBNF の手法の基礎は農業科学者のサバーシュ・パレッカー（Sabhash Palekar）が築いた。彼は、自身の家族農場における緑の革命の悪影響に失望し、1990年代に技術普及員として勤務している間、生態学的プロセスと土着の農法について研究と観察を重ね、ZBNF を完成させた［Khadse et al. 2017; FAO 2016］。

ZBNF は、農業経営における外部からの投入財や借入金への依存を断ち、劇的に生産費用を削減することを目標としている。「ゼロ予算」という語は、いかなる借入金も受けず、投入財も購入しないことを意味する。「自然農法」とは、化学肥料や農薬を使わず自然と共に営む農業を意味する。その主唱者は、ZBNF をインドにおける農業の危機や農家の自殺増*) を打開する手段と位置付けている。

普及の到達度という観点からは、ZBNF は地球上でおそらく最も成功したアグロエコロジー運動の１つである。運動のリーダーたちはインド全国で何百万もの農民が ZBNF を実践していると主張しており、カルナータカ州だけでも10万人程度と推計されている。過去10年間に ZBNF 運動は約60回の大規模な州レベルの研修キャンプを組織してきたが、それぞれの研修に平均して1000人～2000人の女性、男性、若者を含む農民が参加している。大半の地域

---

*) インドでは、1990年代後半以降、生産資材の高騰と農産物価格の下落に伴う借金苦を理由とした農民の自殺が増加しており、社会問題化してきた。

（県）には、草の根レベルで自発的に ZBNF を推進するローカルな組織基盤がある。こういったことすべてが、正規の運動組織も有給スタッフも銀行口座もなしに成し遂げられた。ZBNF は小農メンバーの間にボランティア精神や熱意を生み出している。彼らこそ運動の主役なのである。

　インドにおける ZBNF 成功の必要条件は、それだけでは十分ではないものの、農学的にも経済的にもその農業実践が上手く機能することにあった（3 章を参照）。ただし、カルナータカ州における ZBNF の普及は、社会運動を原動力として支えられてもきた。それは、内部または外部の協力者からの広範な資源の動員、カリスマ的リーダーシップ、賛同獲得のための有効な解釈・言説的枠組み（フレーミング）、教育的な内容を強く含む自己組織化のプロセスなど、典型的な社会運動の実施課題を通して実行されてきた。ZBNF がカルナータカ州で最初に広まった主な理由は、KRRS の農民組織が組織化の既に進んでいたコミュニティに進出したことによる。これにより ZBNF は、知名度の低い農法から大規模な草の根の社会運動へと変容を遂げたのである。

6　社会運動と小農アグロエコロジー学校

　農村の社会運動と農民、小農組織の経験は、組織化の度合いないし組織度、および小農と農家の主体的参加に基づく水平的な社会手法が社会的プロセスを共同構築するのに用いられる程度が、アグロエコロジーの普及において鍵となることを示している。カンペシーノ運動のプロセスと小農組織の運営する小農アグロエコロジー学校は、これらの原理の有効性を示す好例である［Rosset and Martínez-Torres 2012; McCune et al. 2014］。

　ビア・カンペシーナ とそのメンバーは近年、南北アメリカ、アジアとアフリカの多くの国々において、カンペシーノ運動を通じてのアグロエコロジー・プログラムに取組んできた。アグロエコロジーの研修教材を作成し、多くの地域や国において種子交換会と種子の貯蔵・交換ネットワーク作りとを支援してきた。全国規模で大変な成功を収めたプログラムがキューバで展開してきた。そこでは農民が作物の品種を自ら育成し選抜する。他の国々でも、より小規模ながら、同様のプログラムが実施されてきた。ビア・カンペシーナは、農民が自らの目で見て（「百聞は一見にしかず」）成功例から学べるよう国内外の交流の機会を設けてきただけではない。農民主導で気候変化に強いアグロエコロジー

の成功例および食の主権にかかわる最良の経験から得られる教訓を見極め、自ら研究し、記録し、分析し、仲間同士で共有するようになっている。ビア・カンペシーナとその加盟組織は、ベネズエラ、パラグアイ、ブラジル、チリ、コロンビア、ニカラグア、インドネシア、インド、モザンビーク、ジンバブエ、ニジェール、マリにおいて、アグロエコロジー研修学校や小農大学を開校してきた。これらの場では小農が小農を教え、政治的なリーダーシップも習得される。ほかにも、全国レベル、準全国レベルの数十の学校において、仲間同士の教え合いを通じて小農が小農の経験から学んでいる。

　小農による社会運動は、ブラジルの教育学者で哲学者でもあるパウロ・フレイレ（Freire 1970; 1973）に触発され、さらにテリトリー性の要素を加味しつつ、独自のアグロエコロジーの教育学（教授法）を発展させている［Stronzake 2013; Meek 2014, 2015; McCune et al. 2014, 2016; Martínez-Torres and Rosset 2014; Rosset 2015a; Gallar Hernández and Acosta Naranjo 2014; Barbosa and Rosset 2017］。この新興の教育学は次のような要素からなる。

・異なる知識の水平的な対話（diálogo de saberes）と経験の水平的な交換（カンペシーノ運動や「コミュニティからコミュニティ」のように）が基礎をなす。この中には、しばしば局地的で細部にわたる農家の知識と、より抽象的、理論的で普遍志向の科学者の知識との間の水平的な対話も含まれる（Levins and Lewontin（1985：222）を参照）。

・母なる大地への畏敬と善き生（アンデス地域の buen vivir）を含む政治的、人文主義的、国際主義的な価値と技術的なアグロエコロジーの研修とが全体論的に統合される。

・教室での学びとコミュニティや農場での学びが交互になされる。

・学校での経験——教室での時間だけでなく、農場での仕事、共同で行う学校の管理と清掃、調理と文化活動なども指す——における空間上の配置と時間上のスケジュールを、人びとを闘志を抱く小農アグロエコロジー主義者に、「自らの歴史を作る主体」となるように「育てる」プロセスの一部となるようにデザインする。

・学校の事務と運営に学生自身がまたは共同で関与すること、そしてカリキュラムを自ら設定し実施することも教育経験に含まれる。

・研修が「知ったかぶりの」アグロエコロジーの農学者や技術者ではなく、

むしろ知識の水平的な交換と転換のプロセスを促す者によってなされる。
・アグロエコロジーは小農の抵抗、食の主権と自律性の確立、および人間と
自然の新たな関係構築の礎をなすこと、またアグロエコロジーは「テリト
リー性」にかかわり組織性を必要とすること、さらにアグロエコロジーは
苦難を乗り越え、農村社会の現状を転換するための重要な道具であるとい
う観点を共有する。

7　拡散を達成するための要因

アグロエコロジーを拡散させた世界各地の成功例（ビア・カンペシーナの経験
も含むがそれだけではない）を吟味すると、成功に寄与する再現可能な要因に光
を当てることができる。先に述べた例や他の例に基づき、暫定的ではあるがこ
れらの要因のいくつかを挙げてみたい［Rosset 2015b; Khadse et al. 2017］。

社会組織―社会運動：上述の通り、農村の社会運動およびそれらが社会組織
を強化し社会的プロセスを構築する能力は、とても重要であるように思
える。社会組織はアグロエコロジーの成長と拡散を促す文化的媒体である
［Rosset and Martínez-Torres 2012; McCune 2014］。

水平的な社会的プロセスの手法と教育学：キューバの例が示すように、
CAC のような「農民教育学」に基づく社会的プロセス手法の利用は、し
ばしばアグロエコロジーの普及において決定的な役割を果たす［Rosset et
al. 2011; Machín Sosa et al. 2013; Holt-Giménez 2006］。

小農の主体性：先行するエビデンスの示唆するところによれば、小農や農民
自身が主導するときの方が技術専門家や普及員が主導するときよりもはる
かに速く変化のプロセスが進行する［Rosset et al. 2011; Machín Sosa et al. 2013;
Holt-Giménez 2006; Kolmans 2006］。

機能する農業実践：アグロエコロジーを社会的プロセスにのみ基づいて広
めることはできない。どのようなプロセスであっても、農民によい結果、
すなわち農民が直面する課題や障害への「解決方法」をもたらすアグロ
エコロジー的な農業実践に基づいていなければならない［Rosset et al. 2011;
Machín Sosa et al. 2013; Holt-Giménez 2006; Kolmans 2006］。しかし、このことは、
これらの解決方法や実践が公的な研究機関の産物であることを意味しな

い。実際のところそれらは、社会的プロセスによって小農や農民の創造
性と代々続いてきた実践を取り戻すことへの関心を引き出したとき、結
果的に小農や農民によるイノベーションが公的な研究機関と同じくらい
あるいはそれ以上に、解決方法やそれにつながる諸実践を提供するので
ある。

言説と解釈の動機づけ：Rosset and Martínez-Torres（2012）と Martínez-Torres
and Rosset（2014）は、「ファーミング（農業）としてのアグロエコロジー」
と「解釈の枠組み（フレーミング）としてのアグロエコロジー」を区別し
ている。その理由は、アグロエコロジーは当然のことながら農業として機
能せねばならない一方で、しばしばその導入と普及の社会的プロセスは、
かかわる組織や運動が人びとに自分たちの農場を実際に転換したいと思わ
せるような刺激的で動員力のある言説を作り上げ使用する能力に、同じく
らい左右されることにある。

政治的機会、外部の協力者、カリスマ的リーダー、地元のチャンピオン：他
の形態の社会運動同様に、アグロエコロジー運動は、政治的機会と外部協
力者からエネルギーを得たり、それらを利用することができる。それは具
体的には、食に関する不安の高まり、研修教材の印刷を申し出る役人、運
動を擁護する名士、芸術家や宗教家、あるいは運動内部のカリスマ的リー
ダーの存在といった形をとる［Khadse et al. 2017］。

小農の生産物の地域内および地方市場での販売：アグロエコロジー的な生産
物への需要と農家が環境に配慮して育てた農産物を売って利益を得る機会
は、アグロエコロジーの普及の成功を導く鍵となり得る［Brown and Miller
2008; Rover 2011; Niederle, de Almeida and Vezzani 2013］。反対に、市場に関心を
払わなければ失敗もあり得る。農業の転換を目指すアグロエコロジーに
とっての大きな挑戦は、新たに多様化された農場を小農のための適切な
市場の販路と結び付ける方策を探ることにある。農家の地元、地域および
国のレベルで、小規模農家が関与し影響力を行使できる様々な種類の市
場がある。そうした市場を支え、擁護し強化する公共政策を奨励せねばな
らない。適切な信用とインフラ、および消費者と生産者双方にとっての
公正な価格付けを保証するような政策、また公共調達（機関的市場）、局地
的・地域的で連帯経済に基づくファーマーズ・マーケットや CSAS（地域

支援型農業)*) を促進する政策は、小農の暮らしを改善する鍵となる［CSM 2016］。対照的に、政策と経済勢力、権力関係が小規模農家をグローバルなバリューチェーンに巻き込む場合、しばしば農民の債務が増え、不安定さが増す結果となる。これは、小規模農家が一般にこのバリューチェーンをコントロールする力がなく、その中で自律性が低いということ、およびバリューチェーンの全体的な流れ方によるものである［McMichael 2013］。小規模農家の市場を支持する重要な理由として、多くの観点から見て、グローバルな市場よりもそうした市場が気候変動や価格ショックの増加等のグローバルな挑戦に対処する備えがあることが挙げられる。世界食料安全保障委員会「市民社会メカイズム（CSM）」によれば、これはかなりの部分、地域に根差した市場が小規模農家と多様な農業のために果たす多面的機能性に起因する。（それが最善の選択肢である場合は）自家消費ないし身近な販路の可能性を残しつつ、食料を販売し入手する複数の市場のチャンネルを確保できれば、生産者は、国際市場の価格変動や中央集権的な農業と食のチェーンの崩壊に対する脆弱性を軽減できる［CSM2 016］。

公共政策による支援：公共政策はアグロエコロジーの普及において重要な役割を果たし得る［Gonzalez de Molina 2013］。LVC［2010］は例えば、アグロエコロジー普及のための幅広い公共政策を奨励している。LVC の唱える政策は小農と家族農家一般を支援するものであり、その中でアグロエコロジーに重点がおかれていることに注意して欲しい。具体的な要求は以下のようなものである。公共部門と農民組織、消費者組織の共同所有と共同管理に基づく、改良型の准国営企業と販売公社を通じた食料備蓄の再国有化、真の農業改革の実施と土地の収奪の停止、アグリビジネスによる独占の禁止とその解体、家畜の大規模舎飼いの禁止と分権的な家畜生産体制の促進、小農と家族農家の手による環境に配慮した農産物への公共調達の方向づけや価格保証メカニズム、信用への（特に農家とコミュニティが管理するオルタナティブな信用メカニズムに対する）補助およびマーケティング支援、研

---

*) 日本では地域支援型農業、あるいは「地域が支える農業」と呼ばれる。消費者が生産者に代金（会費）を前払いし、定期的に作物を受け取る仕組みで、農場経営のリスクや負担を参加者で共有する点に新規性がある。1980年代以降、米国や英国で始まり、世界各地に広がってきた。日本の有機農業運動の中で1960〜70年代に取り組みが始まった「産消提携」を参考にしたとも言われる。

究・教育・技術普及システムの小農主導の種子生産とアグロエコロジー的
な技術改善に向けての方向転換、小農と家族農家の自己組織化の支援、環
境配慮型都市農業の促進、食料輸入に対する障壁の（再）導入、GMO や
危険農薬の禁止、化学投入財と商品種子への補助金の停止、小農と環境に
配慮する家族農家が社会全体にもたらす利益についての消費者を対象にし
た教育キャンペーン、そして学校でのジャンクフードの禁止。

　異なる国々でこれらの多くの政策が試みられてきた。Machín Sosa et al.
(2011, 2013) は 1 章を割いてキューバで公共政策がどのようにアグロエコロ
ジーを優遇してきたのかを明らかにしており、また Nehring and McKay（2014）、
Niederle, de Almeida and Vezzani (2013)、Petersen, Mussoi and Soglio (2013) では
同じことをブラジルの事例で行っている。政府は、政府購入、信用、教育、研
究、技術普及や他の政策手段を用いて、アグロエコロジーへの転換を促すこと
ができるし、そうすべきである。しかしながら、ここで気を付けるべきは、ブ
ラジルの場合、これらの政策は労働者党政権下で実施されたのだが、同党が
2016年に議会「クーデター」により政権の座を追われると政策の多くが破棄さ
れ、公共部門の支援が続くことを当て込んで生産を拡大してきた農民の協同組
合が不安定化したことである。この経験は興味深い論点を提起している。すな
わち、アグロエコロジーの普及プロセスを外部からの支援に依存しつつ速める
のがよいのか、それとも遅くはあっても小農や農家自身の資源に基づきより自
立した形で進めるのがよいのかという問いである。

8　社会組織、社会的プロセスの手法および社会運動

　以上みてきた要因のすべてがアグロエコロジーの普及に重要な役割を果た
しているのかもしれないが、本章では社会組織、社会的プロセスの手法と社会
運動の役割を強調している。農村の社会運動と農家・小農組織の経験は、組織
化の程度、および小農と農家が主導的な役割を担う水平的な手法が集合的な社
会的プロセスの構築に用いられる度合いが、アグロエコロジーが「大衆化」し、
広く行き渡るための鍵となることを示している。カンペシーノ運動を通じた普
及プロセスと小農組織の運営するアグロエコロジー学校は、これらの原則のよ
い例である。アグロエコロジーの先行研究の大部分は自然科学的側面を強調し

てきたが、これらの成功経験から体系的な教訓を引き出そうとするならば、社会科学的なアプローチと農村運動の自ら学ぶ姿勢を優先すべきことが分かる。これにより、新たな協働プロセスをデザインするのに必要な情報と原則とがもたらされるだろう。

参考文献

Alonge, Adewale J., and Robert A. Martin. 1995. "Assessment of the adoption of sustainable agriculture practices: Implications for agricultural education." *Journal of Agricultural Education*, 36, 3: 34–42.

Altieri, M.A., Andrew Kang Bartlett, Carolin Callenius, et al. 2012. *Nourishing the World Sustainably: Scaling Up Agroecology*. Geneva: Ecumenical Advocacy Alliance.

Altieri, M.A., and C.I. Nicholls. 2008. "Scaling up agroecological approaches for food sovereignty in Latin America." *Development*, 51, 4: 472–80. <http://dx.doi.org/10.1057/dev.2008.68>.

Barbosa, L.P., and P.M. Rosset. 2017. *Movimentos sociais e educação do campo na América Latina: aprendizagens de um percurso histórico*. Revista Práxis Educacional.

Brown, C., and S. Miller. 2008. "The impacts of local markets: A review of research on farmers markets and community supported agriculture (csa)." *American Journal of Agricultural Economics*, 90, 5: 1298–1302.

Bruil, Janneke, and Jessica Milgroom. 2016. "How to amplify agroecology." *Agroecology Learning Exchange*, May: 1–6. <http://www.agriculturesnetwork.org/magazines/global/making-the-case-for-agroecology/how-to-amplify-agroecology/howtoamplifyagroecology.pdf>.

Carolan, M.S. 2006. "Do you see what I see? Examining the epistemic barriers to sustainable agriculture." *Rural Sociology*, 71, 2: 232–260.

Chambers, R. 1990. "Farmer-first: a practical paradigm for the third agriculture." In M.A. Altieri and S.B. Hecht (eds.), *Agroecology and Small Farm Development*. Ann Arbor: CRC Press.

_____. 1993. *Challenging the Professions: Frontiers for Rural Development*. London, UK: Intermediate Technology Publications.

CSM (Civil Society Mechanism). 2016. "Connecting smallholders to markets." International Civil Society Mechanism for Food Security and Nutrition, Rome. <http://www.csm4cfs.org/wp-content/uploads/2016/10/English-CONNECTING-SMALLHOLDERS-TO-MARKETS.pdf>.

Dumont, Antoinette M., Gaëtan Vanloqueren, Pierre M. Stassart and Philippe V. Baret. 2016. "Clarifying the socioeconomic dimensions of agroecology: Between principles and practices." *Agroecology and Sustainable Food Systems*, 40, 1: 24–47.

ETC Group. 2009. "Who will feed us? Questions for the food and climate crisis." etc Group Comunique #102.

_____. 2014. *With Climate Chaos, Who Will Feed Us? The Industrial Food Chain or the Peasant Food Web?* Ottawa: etc Group.

Freire, Paulo. 1970. *Pedagogy of the Oppressed*. New York: Seabury Press.

___. 1973. *Extension or Communication?* New York: McGraw.

FAO (Food and Agriculture Organization of the U.N.). 2016. "Zero budget natural farming in India." Family Farming Knowledge Platform. <http://www.fao.org/family-farming/detail/en/c/429762/>.

Gonzalez de Molina, Manuel. 2013. "Agroecology and politics. How to get sustainability? About the necessity for a political agroecology." *Agroecology and Sustainable Food Systems*, 37, 1: 45–59.

Holt-Giménez, E. 2001. "Scaling-up sustainable agriculture." *Low External Input Sustainable Agriculture Magazine*, 3, 3: 27–29.

_____. 2006. *Campesino a Campesino: Voices from Latin America's Farmer to Farmer Movement for Sustainable Agriculture*. Oakland: Food First Books.

IIRR (International Institute of Rural Reconstruction). 2000. Going to Scale: Can We Bring More Benefits to More People More Quickly?" Conference highlights. April 10–14. Philippines: iirr.

Gallar Hernánez, D., and R. Acosta Naranjo. 2014. "La resignificación campesinista de la ruralidad: La Universidad Rural Paulo Freire." *Revista de Dialectología y Tradiciones Populares*, LXIX, 2: 285–304.

GRAIN. 2014. "Hungry for Land: Small farmers feed the world with less than a quarter of all farmland." *GRAIN Report*: 1–22.

Khadse, A., P.M. Rosset, H. Morales, and B.G. Ferguson. 2017. "Taking agroecology to scale: The Zero Budget Natural Farming peasant movement in Karnataka, India." *The Journal of Peasant Studies*, DOI: 10.1080/03066150.2016.1276450.

Kolmans, E. 2006. *Construyendo procesos 'de campesino a campesino'*. Lima: espigas and Pan para el Mundo.

LVC (La Vía Campesina). 2010. Submission by La Vía Campesina to the International Seminar "The contribution of agroecological approaches to meet 2050 global food needs," convened under the Auspices of the Mandate of the U.N. Special Rapporteur on the Right to Food, Prof. Olivier De Schutter, Brussels, June 21–22, 2010.

Levins, R., and R. Lewontin. 1985. *The Dialectical Biologist*. Cambridge: Harvard University Press.

Machín Sosa, B., A.M. Roque, D.R. Ávila and P. Rosset. 2010. Revolución agroecológica: el movimiento de Campesino a Campesino de la ANAP en Cuba." Cuando el campesino ve, hace fe. Havana, Cuba, and Jakarta, Indonesia: anap and La Vía Campesina. <http://www.viacampesina.org/downloads/pdf/sp/2010-04-14-rev-agro.pdf>.

Machín Sosa, B., A.M.R. Jaime, D.R.Á. Lozano, and P.M. Rosset. 2013. "Agroecological revolution: The farmer-to-farmer movement of the ANAP in Cuba." Jakarta: La Vía Campesina. <http://viacampesina.org/downloads/pdf/en/Agroecological-revolution-ENGLISH.pdf>.

Martínez-Torres, M. E., and P. Rosset. 2014. "Diálogo de Saberes in La Vía Campesina: Food sovereignty and agroecology." *Journal of Peasant Studies*, 41, 6: 979–997.

McCune, Nils. 2014. "Peasant to peasant: The social movement form of agroecology." *Farming Matters*, June: 36–37.

McCune, N, P.M. Rosset, T. Cruz Salazar, et al. 2016. "Mediated territoriality: Rural workers and the efforts to scale out agroecology in in Nicaragua." *Journal of Peasant Studies*, DOI: 10.1080/03066150.2016.1233868.

McCune, N., J. Reardon, and P. Rosset. 2014. "Agroecological formación in rural social movements."

Radical Teacher, 98: 31–37.

McMichael, P. 2013. "Value-chain agriculture and debt relations: contradictory outcomes." *Third World Quarterly*, 34, 4: 671–690.

Meek, D. 2014. "Agroecology and radical grassroots movements' evolving moral economies." *Environment and Society: Advances in Research*: 47–65.

_____. 2015. "Learning as territoriality: The political ecology of education in the Brazilian landless workers' movement." *Journal of Peasant Studies*, DOI: 10.1080/03066150.2014.978299.

Méndez, V. Ernesto, Christopher M. Bacon and Roseann Cohen. 2013. "Agroecology as a transdisciplinary, participatory, and action-oriented approach." *Agroecology and Sustainable Food Systems*, 37, 1: 3–18.

Muterlle, J.C., and L.A.G. Cunha. 2011. "A territorialização da agroecologia no território rural do Vale do Ribeira, Paraná, Brasil." *Revista Geográfica de América Central*, 2(47E).

Nehring, Ryan, and Ben McKay. 2014. *Sustainable Agriculture: An Assessment of Brazil's Family Farm Programmes in Scaling Up Agroecological Food Production*. Brasilia: International Policy Centre for Inclusive Growth.

Niederle, Paulo André, Luciano de Almeida and Fabiane Machado Vezzani (eds.). 2013. *Agroecologia: práticas, mercados e políticas para uma nova agricultura*. Curitiba: Kairós.

Pachico, D., and S. Fujisaka (eds.). 2004. "Scaling up and out: Achieving widespread impact through agricultural research." *CIAT Economics and Impact Series* 3. ciat Publication number 340.

Parmentier, Stéphane. 2014. *Scaling-Up Agroecological Approaches: What, Why and How?* Brussels: Oxfam-Solidarité.

Petersen, P., E.M. Mussoi and F.D. Soglio. 2013. "Institutionalization of the agroecological approach in Brazil: Advances and challenges." *Agroecology and Sustainable Food Systems*, 37, 1: 103–114.

Rosset, P.M. 2006. *Food Is Different: Why the wto Should Get Out of Agriculture*. Zed Books.

_____. 2015a. "Epistemes rurales y la formación agroecológica en La Vía Campesina." *Ciência & Tecnologia Social*, 2, 1: 4–13.

_____. 2015b. "Social organization and process in bringing agroecology to scale." In *Agroecology for Food Security and Nutrition*. Food and Agriculture Organization (fao) of the United Nations, Rome. Available from: http://www.fao.org/3/a-i4729e.pdf.

Rosset, P.M., and M.A. Altieri. 1997. "Agroecology versus input substitution: A fundamental contradiction of sustainable agriculture." *Society and Natural Resources*, 10: 283–295.

Rosset, P.M., B. Machín Sosa, A,M, Jaime and D.R. Lozano. 2011. "The campesino-to-campesino agroecology movement of anap in Cuba: social process methodology in the construction of sustainable peasant agriculture and food sovereignty." *Journal of Peasant Studies*, 38, 1: 161–191.

Rosset, P., and M.E. Martínez-Torres. 2012. "Rural social movements and agroecology: Context, theory and process." *Ecology and Society*, 17, 3: 17.

Rover, Oscar José. 2011. "Agroecologia, mercado e inovação social: o caso da Rede Ecovida de Agroecologia." *Ciências Sociais Unisinos*, 47, 1: 56–63.

Sevilla Guzmán, E. 2002. "A perspectiva sociológica em Agroecologia: uma sistematização de seus métodos e técnicas." *Rev. Agroecologia e Desenvolvimento Rural Sustentável*, 3, 1:18–28.

Stronzake, J. 2013. "Movimientos sociales, formación política y agroecología." *América Latina en*

Movimiento, 487, June: 27–29.

Uvin, Peter, and David Miller. 1996. Paths to scaling-up: Alternative strategies for local nongovernmental organizations." *Human Organization*, 55, 3 (Fall): 344–354.

von der Weid, Jean Marc. 2000. Scaling up, and scaling further up: An ongoing experience of participatory development in Brazil." São Paulo: AS-PTA. <http://www.fao.org/docs/eims/upload/215152/AS-PTA.pdf>.

Wezel, A., S. Bellon, T. Doré, et al. 2009. Agroecology as a science, a movement, and a practice." *Agronomy for Sustainable Development*, 29, 4: 503–515. <http://dx.doi.org/10.1051/agro/2009004>.

Wezel, A., H. Brives, M. Casagrande, et al. 2016. Agroecology territories: Places for sustainable agricultural and food systems and biodiversity conservation." *Agroecology and Sustainable Food Systems*, 40, 2: 132–144.

メリポナ蜂の巣箱。農民学校では、稀少となりつつあるこの在来種の養蜂も促進している［受田宏之撮影］

第5章

アグロエコロジーの政治学

　民衆の圧力によって、多くの多国籍機関、政府、大学、研究センター、NGO や企業等がようやく「アグロエコロジー」を認めるようになった。しかしながら、彼らはそれを狭い技術の集合と定義し直し、現実の権力構造には手を付けることなく、工業的な食料生産の存続の危機を緩和するようにみえるいくつかの道具を提供しようとしてきたのである。このように、環境問題にみせかけの言及をしつつ、工業的な食のシステムの微調整のためにアグロエコロジーを取り込もうとする動きには、いろいろな名前が付けられている。「気候変動対応型農業」、「持続可能なあるいは生態学的な集約化」、「有機」食品の工業的モノカルチャー生産などはその例である。我々にとってこれらはアグロエコロジーではない。我々はそれを拒否し、狡猾なアグロエコロジーの流用（appropriation）を暴き、食い止めるために闘う。――アグロエコロジーのための国際フォーラムにおけるニエレニ宣言［IPC 2015］

1　アグロエコロジーとテリトリーをめぐる争い

　大きな争点となっている／多くの対立をもたらしているテリトリーを研究する者によれば、テリトリーやスペースは社会階級と社会関係の下にあり、それゆえ支配と抵抗をめぐる対立的な条件の下で再生産される。テリトリーをめぐる争いは、経済、社会、政治、文化、理論、イデオロギーなどあらゆる次元で起こり得る。農村の場合、草の根の社会運動を一つの陣営、アグリビジネス、鉱業会社、その他の資源収奪型資本主義および政府内の協力者を他の陣営とする、両陣営間の物質的、非物質的双方のテリトリーをめぐる争いとなる。

　物質的テリトリーにおける争いは、土地および物理的テリトリーへのアク

セス、制御、利用、形成とデザインをめぐる闘争のことを指す。非物質的テリトリーとは思想や理論的構築物の領域を指すが、非物質的テリトリーでの争いを伴わない物質的テリトリーにおける争いはない。実在する有形のテリトリーおよびそれに含まれる資源をめぐる争いは必然的に、非物質的なテリトリーやイデオロギーと思想のスペースにおける争いと深くつながっている。非物質的テリトリーにおける争いは、概念、理論、パラダイムと説明を形成し擁護することとして特徴付けられる。概念の定義と内容を解釈し、決定する力自体が争われるのである。Rosset and Martínez-Torres（2012）、Martínez-Torres and Rosset（2014）、Giraldo and Rosset（2016, 2017）では、アグロエコロジー自体が物質的（「農業としてのアグロエコロジー」）にも非物質的（「解釈の枠組み（フレーム）としてのアグロエコロジー」）にも争われるテリトリーであると論じられている。本章以下では、この論争がいかに激化してきたのかを実例に沿って掘り下げてみる。

2　アグロエコロジーをめぐる論争

　アグロエコロジーは、世界の農業を統括する巨大組織から無視され、嘲笑され、排除されてきた。だが、それは、緑の革命により引き起こされた危機に対処するためにとり得る選択肢の1つとして認識されるように変わってきている。これは驚くべきことである。つい最近まで、世界の農業政策の進路を定めてきた機構は、アグロエコロジーを科学的探究の対象としても、社会的実践や運動としても、認めていなかったのである［Wezel et al. 2009］。実際、過去40年の間、アグロエコロジーを推進してきた人びとは、無視されることを超えて、あらゆる分野で権力構造に挑まなければならなかった。対決すべき権力構造の中には、当然のことながら、飢餓と貧困を緩和する万能薬として何十年もの間、世界中で工業的な農業を推進してきた機関も含まれる。だが、2014年にローマにおいてFAOによる食料の安全保障と栄養のためのアグロエコロジーに関する国際シンポジウムが開催され［FAO 2014］、続いて工業的な農業を勧めてきた機構のいくつかがアグロエコロジーに関心を示し始めた頃から、文脈が急変したようにみえる。しかしながら、彼らはアグロエコロジーの変革を導き得る将来性に注目するのではなく、もっぱら工業的な農業の持続可能性の無さを軽減するための技術的な選択肢とみなしているのであり［IPC 2015］、言葉だけが恣意的

に流用される脅威が現実のものとなっている。

　この新たな状況はアグロエコロジストたちにジレンマをもたらした。すなわち、主流の工業的農業モデルの一部（技術的選択肢）として取り込まれ囚われるか、それともその転換を前進させる政治的機会の拡がりとして活用するか、の選択を迫られているのである［Levidow, Pimbert and Vanloqueren 2014; Holt-Giménez and Altieri 2016］。（工業的モデルの側の）諸組織も一枚岩ではなく、内部における議論の余地を残しているが、現状を分かりやすくいうと、2つの陣営間の闘争と捉えることができる。政府機関、国際機関や民間企業が一方の陣営をなし、もう一方の陣営をなす社会運動や科学者、NGO らはアグロエコロジーをまさにシステムの変革にかかわるものとみなす（表5-1）。問題はアグロエコロジーが主流派の手に渡り、ごく単純な技術的内容以外を抜き取られてしまい、誰にとってもほとんど如何様にもとりうる空虚な概念となるのか否かである。同じようなことは数十前に「持続可能な開発」の概念をめぐって起きている［Lélé 1991］。

　両陣営の違いを浮かび上がらせる例として、2014年にローマで行われたグローバル・シンポジウムに始まり、2015年と2016年に大陸、地域レベルでのフォーラムと続いた FAO のプロセスと、2015年にマリのニエレニで開催されたアグロエコロジーに関する国際フォーラムとその前後のプロセスとを比べてみる。後者のニエレニのフォーラムは、IPC（食の主権のための国際計画委員会）によって組織された。社会運動とその他市民社会組織を代表する IPC は、世界食糧サミットの場で並行して生まれ、食の主権を推し進めるため FAO に陳情し働きかける。ニエレニでは、「小農、先住民族の人びととコミュニティ（狩猟採取民を含む）、家族農家、農村労働者、牧畜民、漁撈民、都市住民を含む小規模食料生産者と消費者の様々な組織と国際運動の代表団が……集結し……アグロエコロジーは食の主権の構築に欠かせない要素であるという共通の理解に至り、アグロエコロジーを推進し流用から守るための共通戦略を練ることになった」［IPC 2015］。

表5-1　順応か転換か

陣営とビジョン	体制側の陣営（institutional camp）はアグロエコロジーを工業的な農業の微調整のための道具を提供するものとみなし、モノカルチャー、外部投入財への依存および権力構造を認める。	市民社会側の陣営はアグロエコロジーを工業的な農業に代わるものであり、モノカルチャー、外部投入財への依存および権力構造に挑戦し、転換するための闘いの一環とみなしている。
主体	世界銀行、政府、大規模なNGOの多く、民間部門、農業大学。	IPC、LVC、MAELAやSOCLAのような社会運動とその協力者。
例	気候変動対応型農業、持続可能なあるいは生態学的な集約化、「節約して栽培する（Save and Grow）」、工業的な有機農業、ミニマム耕起（除草剤は使用）、環境保全型農業、アグロエコロジーなど。	小農のためのアグロエコロジー、自然農法、環境や生物に優しい農業、小農有機農業、低投入、パーマカルチャー、バイオ集約、伝統的小農ないし先住民の農業など。

出所：Giraldo and Rosset (2017)

　このようにFAOがアグロエコロジーを取り上げ始めたとき、争いが大きく展開するスペースが作られることになった。フランス政府とブラジル政府がFAOらの開始したアグロエコロジーのプロセス——両者のアグロエコロジーに関する見解はかなり異なるが——を支持した一方、アメリカとその同盟国は国際シンポジウムの開催に反対した。その結果、妥協案として、シンポジウムでは公共政策に関連する内容は除かれ、国際貿易政策とGMOに関する議論は禁じられ、「食の主権」の場合は文言の使用すら禁止された。このためプログラムは、アグロエコロジーの技術的側面に限定されることになった。それでも、FAO内の協力者のおかげで、市民社会は講演報告集に執筆の機会をえることができた［Nicholls 2014; Giraldo and Rosset 2016］。様々な小農組織、NGOと学者たちは、最終報告書では彼らの見解は最小限に抑えられたといえ、アグリビジネスのモデルに対する批判の声をあげることに成功した［FAO 2015］。シンポジウムの後、日本、アルジェリア、フランス、コスタリカ、ブラジルの農業大臣、EUの農業・農村担当局長およびFAOの事務局長は、アグロエコロジーは有効な選択肢であり、支援を受けるべきであるという公式声明を発表した。しかしながら、持続可能な集約化［Scoones 2014］、気候変動対応型農業［Delvaux et al. 2014; Pimbert 2015］、GMO［Nicholls 2014; Giraldo and Rosset 2016］[1] 等、他のアプローチとそれを組み合わせるべきと彼らは考えたのである。

　ビア・カンペシーナ、マリ小農組織全国連絡会、MAELA（ラテンアメリカ・

カリブアグロエコロジー運動）、SOCLA（ラテンアメリカ・アグロエコロジー学会）等のIPCに属する社会運動と市民社会組織がニエレニで公言したのは、主流派の機構による、アグロエコロジーを吸収しそれを工業的な食料生産モデルの用具箱に含まれるエコ技術へと矮小化するようにみえる動きに対する反発である［IPC 2015］。小農や家族農家だけでなく、先住民族、牧畜民、漁撈民、都市住民、消費者等の代表が集まり、共同でアグロエコロジーを分析したのは初めてのことであった。それに似た経験として、かつてグローバルフォーラムにおいて、食の主権と農業改革について討議されたことがある［Martínez-Torres and Rosset 2014; Rosset 2013］。異なる草の根の知識と知恵、知の方法の間で対話がなされたおかげで、フォーラムの主宣言は、社会運動にとってアグロエコロジーが何たるかについての異なるビジョンを集め統合する最初の試みとなった。参加した運動関係者は文書の中で、アグリビジネスや工業的な食のシステムの他の担い手によるまやかしの「グリーンウォッシュ」の企てを念頭に、アグロエコロジーは吸収される危険があると警告し、アグロエコロジーを「有機」食品の工業的なモノカルチャー生産や民間部門や主流派機構による類似のアプローチと同一視することを拒否している。彼らが代わりに賛意を表明するのは、権力構造に挑戦しそれを変えようとする、すなわち「種子、生物多様性、土地とテリトリー、水、知識、文化とコモンズのコントロールを世界を養う人びとの手に委ねる」ような際立って政治的で、草の根のアグロエコロジーなのである。

　我々が直面しているのは、アグロエコロジーについての2つの根本的に異なる見方の間の争いなのである。一方は技術志向で科学者寄りであり、制度化されているのに対し、もう一方は「民衆の道」で深く政治的であり、分配の正義と食のシステムの全面的な再考を唱える。この言説面での闘いは、2014年のローマ・シンポジウムに続くFAOの地域別アグロエコロジー会合に引き継がれた。ラテンアメリカ・カリブ地域はブラジリアで、サブサハラ・アフリカ地域はダカールで、アジア太平洋地域はバンコクで行われたが、3つのうちブラジリアでの会合が社会運動にとって最も望ましいものだった。というのは、社会運動が討議で優位に立ち、最終文書に自らの主張の大部分を載せることができたからである。それでも、アグリビジネスとGMOへの明らかな批判は除外されることになった。この宣言は、FAO、諸政府、学識経験者、ラテンアメリカ・カリブ諸国共同体、メルコスール（南米共同市場）の家族農業局（REAF）の各代表によって批准された。これに対し、ダカールとバンコクの会

合では対立が顕著であり、アグロエコロジーを生態学的な集約化や気候変動対応型農業と同義のものとしようとする動きのあった一方で、社会運動の側はそうした企てを拒絶した［Rogé, Nicholls and Altieri 2015; Nicholls 2015; Giraldo and Rosset 2016, 2017］。

　1年から2年の間に、いくつかのことが明らかになった。アグロエコロジーは初めて世界の農業政策を治める機構に認められ、続いて、相争う2つの陣営が語の意味をめぐって戦端を開いた。今日、FAO はローマの本部にアグロエコロジーの事務所を設けており、世界中の農業大臣は「アグロエコロジー」についての公共政策を起草し、大学は競ってアグロエコロジーのカリキュラムを提供し、新しい研究プログラムを始めている[2]。これは顕著な変化である。アグロエコロジーはまもなく予算を割り当てられるようになり、多国籍企業と国際協力機関はアグロエコロジーに投資し、アグロエコロジーを擁護したことも話したことすらない NGO やその他日和見主義者は、この新たな国際的文脈の下で生じる経済的、政治的機会の代弁者となり受益者となるだろう［Giraldo and Rosset 2016, 2017］。

　以下では、機構側の陣営として FAO を取り上げつつ、機構の議題にアグロエコロジーが含められるようになった状況を解釈する。我々の関心は、農業資本主義がその矛盾のいくつかに対処しようとするまさにその時にアグロエコロジーがいかにして、なぜグローバルな地政学において関心を寄せられるようになったのか、またアグロエコロジーを通常の開発に代わるものとして、さらにポスト資本主義的な転換における本質的な要素として擁護することによって、いかにして社会運動を強化できるのかを分析することにある。

3　アグロエコロジーの流用

　Giraldo and Rosset（2016, 2017）は、資本主義の周期的な危機の最新のものから、および工業的な農業を特徴付ける資源収奪性に内在する矛盾［Giraldo 2015］から逃れる手立てとなり得るという理由で、アグリビジネスと金融資本はアグロエコロジーに関心を寄せていると論じる。経済危機は、魅力的な利潤を生む十分な投資機会がなく使われずにいる余剰資本に反映される。金融化とそれのもたらす投機的バブルは、財の供給過剰と世界中の貧困化した大衆の購買力不足による過少消費とを原因とする危機を免れようとする、その場しのぎの解決策

であった。しかしながら、資本による長期的な解決とは、新自由主義的な民営
化戦略を通して、大半の国の政府が支援し推進する土地の専有と強奪の戦略を
実行することである。新自由主義的な民営化戦略は、公共資産や共有財を民間
企業に譲渡し、これらの資産や財を民間の資本蓄積のフローに組みこんできた。
このプロセスは、マルクスのいう原始的な蓄積を彷彿とさせ、近年では、地
理学者の David Harvey（2003）により「略奪による蓄積」と名付けられている。
それは、小農や先住民族を含む正当な所有者に補償することもなく資源を自分
の物にすることを目的とした、恥知らずの略奪以外の何物でもない。

　疑うまでもなく、最新の危機の下——2007年から2009年の間に金融バブルが
はじけて以来深刻になった——では、投機資本は新たな蓄積と投機の方法を必
要とした。これが、体制側の機構がアグロエコロジーを推進し支持することに
関心を寄せるようになった第1の説明をなす。長い間資本は、実態とかけ離れ
た金融市場に避難先を見出してきたが、その後、現実の経済活動が拠って立つ
天然資源を専有するための方法を広く追い求めるようになった。グローバル・
サウスにおける土地の収奪、単一栽培作物や森林資源、原油と非伝統的な炭
化水素資源、鉱物資源への投資熱は、よく知られた例である［Borras et al. 2011］。
資本について、以下のことが次第に明らかになっている。すなわち、それは種
子と農業生物多様性も商品化しようと模索する。小農や先住民コミュニティか
らアグロエコロジーの知識を奪い取る。食の市場、化粧品や製薬業界において
農業多様性を推進する。二酸化炭素の排出権および森林協定を通した新自由主
義的な保全から得られる利益を増やす。ほどなく巨大スーパーマーケットで
「アグロエコロジー的」と名付けられるかもしれない、工業化された有機農産
物市場を拡大することによって利益を得る。こうした資本の目的は、人びとの
共有財を私的所有財に転換し、物的、象徴的な生活条件をコミュニティから切
り離して、人びとを市場ベースのネットワークの外では暮らせなくなるように
することにある［Giraldo and Rosset 2016, 2017; Levidow, Pimbert and Vanloqueren 2014;
LVC 2016］。

　アグロエコロジーが何千年もの生態系の変容を通して人間が創り出してきた
様々な実践を整理し活用する一方で、資本主義の世界的な危機により、グロー
バルな資本蓄積の回路に組み込むためこれらの実践に資本が注がれている。社
会運動の要求をなだめ、アグロエコロジーは資本主義の覇権に代わるものとい
う主張から目を逸らさせるには、その反システム的な内容を把握し、取り込み、

抑えつけるに越したことはない。これが、資本が今になってアグロエコロジーを隅に追いやることを控え、それをコントロールしながら、小農、牧畜民、家族経営農家や漁撈民を企業家のごとく扱うことで資本蓄積に役立つよう仕向けようとしている理由なのである。本当のところ、これらの人々は、彼らが伝統的な生産様式に従っている間は、アグリビジネスには直接関心のないところで農業や牧畜、漁業を営んでいる。それゆえ資本にとっては、彼らを土地から立ち退かせることなく脱テリトリー化することが、より現実的な選択肢となる。例えば、遠隔地の市場向けの契約農業は法外な収益を得るのに有益な方法である［Giraldo 2015］。略奪による資本蓄積の戦略は、資本の価値実現のために利用できる経済分野があれば放ってはおかない。世界の食料生産の70％が小規模生産者の手によるものであり［ETC Group 2009］、その多くがアグロエコロジー的な生産者であるとするならば、彼らの働きを資本蓄積から除外してしまうのはもったいないことである。とはいえ、周縁的な土地を資本集約的なモノカルチャーに転換することは事実上不可能である以上、アグロエコロジーの商業化は、かなりの収益源となり得るこれらの土地をコントロールするための優れた方法であるのかもしれない［Giraldo and Rosset 2016, 2017］。

　近年になり支配的機構の側が議題にアグロエコロジーを含めるようになったことのもう1つの説明は、マルクス主義におけるいわゆる資本（主義）の第2の矛盾にかかわる。この矛盾は、農業における技術の展開により引き起こされた「物質代謝の亀裂（metabolic rift）」[*] についてのマルクスの観察から導かれたものだが[3]、資本主義の用いる技術が生産の自然条件を劣化させ、資本の利潤を危機に晒すという事実を強調する［Martinez-Alier 2011; O'Connor 1998］。アグリビジネスは常に増産、増収と効率改善を求め、逆説的に収量の停滞［Ray et al. 2012］、さらには緑の革命が最初に実施された地域における全般的な収量減少［Pingali, Hossain and Gerpacio 1997］さえ招いたのである。これらに加えて、土壌の流出や硬化、塩化や不毛化［Kotschi 2013］、農業生態系にとっての機能的生物多様性の喪失、殺虫剤への耐性、化学肥料の効果の低下といった問題も生じている。過度の生産性を追求するアグリビジネスの性向により、自身の生産

---

[*]「物質代謝の亀裂」に関する日本語の文献として、マルクスをエコロジストとして読み直そうとする斎藤の論考が参考になる（斎藤幸平『大洪水の前に――マルクスと惑星の物質代謝』堀之内出版、2019年）。

基盤が脅かされており、農業と食のシステムにおける危機の一因となっている
［Leff 1986, 2004］。

　農業資本主義は、生態系を単純なものへと改造し利用し尽くし、土壌劣化や
水質汚染、大気中への温室効果ガスの撒布を通じて、生産の生態学的な条件と
いう観点からは自己破壊的であることがますます明らかになっている。経済的
には、このことは資本にとっての利潤率低下の危機、すなわち生産費用の上昇
に起因する利潤の減少を意味する。例えば、従来の収量を維持するために、よ
り多くの量の肥料と殺虫剤を投与せねばならなくなっている。システム自体に
は手を付けず技術的な解決策により環境の荒廃に歯止めをかけるのは不可能で
ある。にもかかわらず、進行中の危機により、農業資本には自らを再編し、生
産費用の削減と生産性の向上のための変化を実行する機会が開かれたのである。

　James O'Connor（1998）がいうように、資本主義は危機に陥りやすいだけで
なく、再編のために危機を必要とする。現在のところ、農業資本主義は国民国
家と多国籍機関の支援を得つつ、自らに有利なように危機を解決しようと変化
している。進行中の変化の中には、アグロエコロジーの要素を流用することも
含まれる。そこでは、アグロエコロジーは生産条件を再設定するのに役立ち得
る技術的な選択肢を提供するものとみなされてしまう。工業的な農業が技術的
な解決策を見つけようとする努力は、システムの持続可能性が危ぶまれている
という正統な懸念から出たものであるといえないことはない。しかし、システ
ムを微調整する必要性を超えて、気候変動対応型農業や持続可能な集約化、商
業的な投入財に基づく有機農業、旱ばつへの耐性のある GMO、「新しい（第二
の）緑の革命」、精密農業（precision agriculture）等、アグリビジネスを「グリー
ンウォッシュ」しようとする動向が広く観察されるのである ［Pimbert 2015; Patel
2013］。

　そのうえ、危機は、それが依拠する天然資源のベースを蝕む資本主義的なア
グリビジネスの性質によって引き起こされたものである一方、新たなビジネス
の機会を拡げ創出する良い機会でもある。これらの機会には、将来の「アグロ
エコロジー的な投入財産業」、輸出ニッチ向けの有機モノカルチャー、二酸化
炭素の排出権売却による所得創出を通じての環境悪化費用の内部化メカニズ
ム ［LVC 2013; Leff 2004］、あるいはエコツーリズムや有機ビジネスなどが含ま
れるだろう。危機はまた、雇用の弾力化や賃金の削減にも利用されるかもしれ
ない。企業家的な思考を持ってアグロエコロジーを実践する小規模生産農家を、

資本主義的なバリューチェーンの一端に組み込む契約農業はその一例である［Giraldo and Rosset 2016, 2017］。

　要約すると、環境破壊は資本にとって、利潤増大のためのリストラ、費用削減、新たな消費財の創出および生産条件の再設定などの口実に用いることにより、大きな機会を提供するものといえる［O'Connor 1998］。こうして我々は、アグロエコロジーが FAO の言説に入ることが認められるようになる変化を、専有による蓄積戦略の近年における強化の結果とも、アグリビジネスが自身の矛盾が引き起こした危機の中で自己を再編する試みの結果とも、解釈することができる［Giraldo and Rosset 2016, 2017］。

　農業資本主義は、技術の使用者がどのように技術がデザインされ作られたのかを知らしめない傾向にある。それがある種の形態の社会的な自己組織化を防ぐ強力な手段だからである［Harvey 2003］。これこそ、アグロエコロジーがカンペシーノ運動等の手法を用いて対抗しようとするものに他ならない［Vázquez and Rivas 2006; Holt-Gimenez 2006; Rosset et al. 2011; Machín Sosa et al. 2013］。カンペシーノ運動においては、生産者は水平的な対話と模範による教育を通じて自分たちの知恵を広める実験者なのである。しかしながら、公共政策が導く制度化されたアグロエコロジーのプロジェクトが侵入する見込みが高いため、これらの運動は植民地化され、人びとを専門家のいいなりにするかもしれない。小農の運動は孤立しているのではなく、むしろ外部の同盟者から常に利益を得てきたことは確かであるといえ、開発は外部の機関によるコントロールを増すようにデザインされていることを思い起こすべきである。開発は、「無知なる者」の時間と日々の活動を完全にコントロールする役目を引き受けつつ、あたかも大人の指導を要する子どものごとくに彼らに手を差し伸べ、救い出し教育しようとする企てのように装われる。無数のプロジェクトを通じて、開発は、人びとを専門家の知識の標的とし、コミュニティから創造性を奪い、彼らの社会的な想像力の足枷となり、知識を押し付け、生産と消費の期待されるやり方を命じる［Illich 2006］。アグロエコロジーの工業的な植民地化は投入財の代替により達成されるだろう［Rosset and Altieri 1997］。すなわち、有機殺虫剤や有機汚泥、その他の依然として商業的な代替投入財を使えば良しとされ、市場の需要と利潤動議に反応するようにあらゆる存在を構造付ける資本主義の合理性はそのまま保たれる［Polanyi 1957］。開発プログラムやプロジェクトはまさにこの任務を数十年にわたって実行してきた。もしも農業大臣がアグロエコロジーを流用し、そ

れを新自由主義的ないし進歩的な政府の全国計画に含めるのであれば、何かが変わるだろうと期待することなどできない［Giraldo and Rosset 2016, 2017］。

　グリーンウォッシュされた資本主義は、二重の農業地政学を正当化する方法としてアグロエコロジーを発見した。二重の地政学とは、持続可能性と責任ある投資へと踏み込んだ目新しい言説を用いてアグリビジネスを再編しようとする一方で、アグロインダストリー企業とのパートナーシップ協定、「オルタナティブな」投入財のサプライヤー、契約農業ないし他の形での商業的チェーンへの組み込みを通じて、アグロエコロジーに基づきながらも市場経済に結び付いた農業を小農の間で促進するというものである［Patel 2013］。グリーンウォッシュされた言説は、資本主義的な農業技術が資本にとっての経済的、生態学的な持続可能性の源泉を破壊しつつあるという証拠が豊富にあることに対抗しようという強力な正当化の戦略であることは疑い得ない。おそらく我々は新しい段階の始まりを目にしている。そこでは、緑の革命は新しいより「グリーンな」装いへと脱皮しようとする、すなわち、社会的包摂や健康食、母なる大地の保護に基づくアグロエコロジー的な言説を通して、緑の革命は自身の正当化を試みるのである［Giraldo and Rosset 2016, 2017］。

4　政治的アグロエコロジーと社会運動

　アグロエコロジーの定義をめぐる争いが、少なくとも2つの勢力の間で始まっているのは明らかである。その結果は、争いの現場での勢力のバランスと、社会運動の側がいわゆる開発の指針に取り込まれないでいられるのかに依存する。我々の考えでは、擁護されるべきは文明の危機に取り組もうとするオルタナティブの根本要素をなすようなアグロエコロジーなのであり、経済合理性と進歩のイメージにきっちり収まるようなアグロエコロジーに対しては今まさに批判の声を上げねばならない。アグロエコロジーを真似たり吸収する新しいモデルに挑戦することは、ラテンアメリカで「善き生」と呼ばれてきたものに近いのだが、政治的なビジョンと戦略を持つことを必要とする。「善き生」が意味するのは、外部の制度によるコントロールに抵抗し、自律的なアグロエコロジーを実践し、かつ自らに直接影響する問題への責任を持つような人びとである［Giraldo 2014; Giraldo and Rosset 2016, 2017］。

　社会運動と草の根組織は、テリトリーのレベルで、アグロエコロジーを組

織的に拡散していくプロセス構築する必要がある［Rosset et al. 2011; Khadse et al. 2017; McCune, Reardon and Rosset 2014, 2016; Rosset 2015b］。それらは土地のために闘い、略奪者からテリトリーを守らなければならない［Rosset 2013］。アグロエコロジー的な農業転換の過程と真のテリトリーを守り転換するという非物質的な争いに向けて、小農を動機付ける強力なイメージ——動員のための解釈の枠組み——を構築せねばならない［Rosset and Martínez-Torres 2012; Martínez-Torres and Rosset 2014］。

　テリトリーの擁護は、生産と消費、存在のあり方を多様化しながら、技術的な解決策と普遍的なモデルの押し付けを拒否し、開発過程とは異なり、集団的な創造性と社会的創意を動員するアグロエコロジーの力を高めねばならない。メキシコのサパティスタの言葉を借りるならば、我々は、個人の創造的な能力を奪う開発の思考形態にのみ基づいた1つの世界を拒否する一方で、互いに学び合う複数の世界を活性化すべきなのである。後者は、特に自治の増進にかかわるときアグロエコロジーの手法がうまく遂行できる課題であり［Rosset and Martínez-Torres 2012; Martínez-Torres and Rosset 2014］、政府のプログラムやプロジェクトにみられるクライエンテリズムの論理に反するものである。文化的創造性と個々の地域の生態系の秩序に基づいた（1つではない）生活の様式は存在する。それらは、コミュニティの関係を改善する、助け合いを深める、人びとが自らの生活をよりコントロールできるようにする、および生産で使うものを生産者のコントロールの下に置くことにより、真のアグロエコロジーを奨励するものであり、慣行的な開発パラダイムの対極にある［Giraldo and Rosset 2016, 2017］。

　支配的な機構による横領や流用からアグロエコロジーを守ることは、新自由主義的な経済観や科学観に基づいてその概念を生産性と収量と競争力の問題に還元してしまうだろう狭量な経済主義を拒否することを意味する。それはまた、アグロエコロジーを作り変え、人びとの世界観や象徴的な理解、互恵的な関係やこういう存在でありたいという思いとを、大地でどう暮らすかという問いに結び付ける建設的な批判をも含む。小農であることにも当てはまるところがあるが、アグロエコロジーは生産の方法である以上に、この世界での存在の仕方であり、理解の仕方であり、生き方であり、感じ方なのである［Fals Borda 2009; da Silva 2014］。アグロエコロジーは資本主義とは異なる社会関係であり、ローカルな知恵の再生と交換、問題の生じたコミュニティにおける新たな知識の創

造、さらには命の再生に相応しい条件下での生態系の転換を促すものである[da Silva 2014]。La Vía Campesina (2015b) が述べるように、

　　我々のモデルは「生のモデル」、すなわち小農のいる田舎のモデルであり、家族のいる農村コミュニティのモデルであり、樹木、森林、山、湖、川、海岸のあるテリトリーのモデルである。それは、「死のモデル」、すなわちアグリビジネスのモデル、小農や家族のいない農業のモデル、工業的なモノカルチャーのモデル、樹木のない農村のモデル、緑の砂漠や農薬やGMOで毒された土地のモデルとは、正反対のものである。我々は土地とテリトリーをめぐり、資本とアグリビジネスに積極的に闘いを挑んでいる。

　我々はアグロエコロジーを脱植民地化する必要があり[Rivera Cusicanqui 2010]、最近のグローバルで、制度を悪用し（rent-seeking）、多数派から資源を奪い取るような資本主義メカニズムに抵抗しなければならず、さらにアグロエコロジーの擁護により共有資源（commons）の感覚を取り戻す必要がある[Giraldo 2016]。その意味するところは、アグリビジネスのモデル、大土地所有と経済のグローバリゼーションを引き続き拒否する一方で、資本による新たな地理空間への進出の企てからテリトリーを擁護し、生産、分配、消費をコントロールするための動員を続けることである。しかしながら、公有化あるいは共有資源の拡大は、あらゆる物質的、文化的な存在様式をコミュニティのものにすることにとどまらない。草の根のアグロエコロジーの擁護者は、勧める技術的な道具について熟慮する必要がある。道具は集団みんなの役に立つだろうか？それとも、投入財の外部の提供者への依存度を深め、借金漬けになるリスクを高め、搾取の構造を変えることなく、人びとを技術の奴隷にしかねないある種の投入財の代替になっていないだろうか？[Rosset and Altieri 1997; Khadse et al. 2017] これこそが、アグロエコロジーを脱政治化しそれを開発の専門用語や実践に組み込もうとする主流派の機構との争点なのである。

　我々は、FAOや開発機関がアグロエコロジーに関心を寄せているからというだけで、いまこそ社会運動がその要求を表明する良い機会ではないのだと言いたくはない。その真逆である。すなわち、支配的な機構が、補助金や信用、技術普及および過去50年間農村開発のパラダイムを広めるのに役立ってきたあらゆるインセンティブを用いて、工業的なアグリビジネスと緑の革命技術を優

遇し続けるなら、アグロエコロジーの普及は可能ではないだろう。FAO がアグロエコロジーに「承認のサイン」を与えるようになった今日、大学が競うようにしてカリキュラムにアグロエコロジーを加えるようになり、農業省がアグロエコロジー的な生産や「アグロエコロジー的な」投入財（「投入（財）代替」には注意！）を研究や技術普及、信用と補助金を通じて支援するプログラムを作成するようになったことを、我々はみてきた。しかし、どのアグロエコロジーが教えられのだろうか？ また、どの農民、どの消費者が、新たな公共政策から恩恵を受けるのだろうか？

　いまや世界の農業構造はアグロエコロジーへとはっきり向かっているという無邪気な思い込みは避けねばならない。社会運動は油断することなく、制度化されたアグロエコロジーがもたらすであろう公共プログラムやプロジェクト、民間部門とのパートナーシップや契約への過度の依存を避けねばならない [Giraldo and Rosset 2016, 2017]。

　運動はもはや引き返すことはできない。そのうえ、我々が論争に参加するのを拒めば、資本が一時的に生産条件を再編しつつ、略奪を通じた過剰蓄積という慢性的な危機の解決策を見出すのを助けてしまうことになる。ニエレニにおけるアグロエコロジーのための国際フォーラムで提起された路線に沿って、運動は流用を拒否する。いまや、政治勢力が復権し、闘争の前提が刷新され、抵抗の方法が更新され、ばらばらの組織がまとまり、オルタナティブの意味が再定義される絶好の時期である。究極のところ、資本がすべてを飲み込み、すべての場所と人間とを蓄積の循環に巻き込もうと努力することは、それが人びとの抵抗の意志を強めることにより、大きな矛盾をもたらす。実際、資本はその意図とは逆の効果を持つ。すなわち、動員は再活性化され、人びとは自らの自然資源を取り戻し、自らの文化を再評価し、さらにアグロエコロジーをテリトリー化する（アグロエコロジーをコミュニティの再生と結び付ける）社会プロセスが勢いを増すだろう [Giraldo and Rosset 2016, 2017]。支配的な機構が勧めるのは、不毛かつ技術頼みで、非政治的なアグロエコロジーである。ゆえに今こそ、社会運動は真に政治的なアグロエコロジーを擁護せねばならない [Calle Collado, Callar and Candón 2013]。

●原註

1）GMOとアグロエコロジーの提起する論点については、Altieri and Rosset（1999a, b）、Altieri（2005）とRosset（2005）を参照のこと。
2）FAOのアグロエコロジー事務所の職員の多くは、アグロエコロジーの社会運動的なビジョンに共感する善意の人びとであるが、彼らは組織の中では闘う少数派である。FAO全体としては、工業的農業、および気候変動対応型農業のような手軽な代物を推進し続けている［Pimbert 2015］。
3）「資本主義的農業におけるあらゆる進歩は、労働者から収奪する技術だけでなく土壌から収奪する技術の進歩でもある。特定の期間における土壌肥沃度の増大は、その肥沃度の最後の源泉の破壊へと向かう。従って、資本主義的生産は技術を発展させ、様々なプロセスを1つの社会的全体へとまとめるが、それはあらゆる富の起源、すなわち土壌と労働を搾り取ることによってのみ可能なのである」［Marx 1946: 423-24］。Foster（2000）とMartinez-Alier（2011）も参照のこと。

参考文献

Altieri, M.A. 2005. The myth of coexistence: Why transgenic crops are not compatible with agroecologically based systems of production." *Bulletin of Science, Technology & Society*, 25, 4: 361–371.

Altieri, M.A., Andrew Kang Bartlett, Carolin Callenius, et al. 2012. *Nourishing the World Sustainably: Scaling Up Agroecology*. Geneva: Ecumenical Advocacy Alliance.

Altieri, M.A., and C.I. Nicholls. 2008. "Scaling up agroecological approaches for food sovereignty in Latin America." *Development*, 51, 4: 472–80. <http://dx.doi.org/10.1057/dev.2008.68>.

Altieri, M.A., and P. Rosset. 1999a. Ten reasons why biotechnology will not ensure food security, protect the environment and reduce poverty in the developing world." *AgBioForum*, 2, 3/4:155–162.

_____. 1999b. Strengthening the case for why biotechnology will not help the developing world: A response to MacGloughlin." *AgBioForum* 2, 3/4: 226–236.

Borras Jr, S.M., R. Hall, I. Scoones, B. White, and W. Wolford. 2011. "Towards a better understanding of global land grabbing: An editorial introduction." *The Journal of Peasant Studies*, 38, 2: 209–216.

Calle Collado, A., D. Gallar and J. Candón. 2013. Agroecología política: la transición social hacia sistemas agroalimentarios sustentables." *Revista de Economía Crítica*, 16: 244–277.

da Silva, V.I. 2014. *Classe camponesa: modo de ser, de viver e de produzir*. Brasil: Padre Josimo.

Delvaux, François, Meera Ghani, Giulia Bondi and Kate Durbin. 2014. "*Climate-Smart Agriculture": The Emperor's New Clothes?* Brussels: cidse.

ETC Group. 2009. "Who will feed us? Questions for the food and climate crisis." etc Group Comunique #102.

Fals Borda, Orlando. 2009. *Una Sociología Sentipensante para America Latina*. Buenos Aires: clacso.

FAO (Food and Agriculture Organization of the U.N.). 2014. "International Symposium on Agroecology for Food Security and Nutrition." <http://www.fao.org/about/meetings/afns/en/>.

_____. 2015. *Final Report for the International Symposium on Agroecology for Food Security and Nutrition.*

Roma: FAO.

Fernandes, B.M. 2008a. "Questão Agraria: conflictualidade e desenvolvimento territorial." In A.M. Buainain (ed.), *Luta pela terra, reforma agraria e gestão de conflitos no Brasil.* Campinas, Brazil: Editora Unicamp.

_____. 2008b. "Entrando nos territórios do territoório." In E.T. Paulino and J.E. Fabrini (eds.), *Campesinato e territórios em disputas.* Sao Paulo, Brazil: Expressão Popular.

_____. 2009. Sobre a tipologia de territórios." In M.A. Saquet and E.S. Sposito (eds.), *Territórios e territorialidades: teoria, processos e conflitos.* Sao Paulo, Brazil: Expressão Popular.

Foster, J.B., 2000. *Marx's Ecology: Materialism and Nature.* New York: NYU Press.

Giraldo, O.F. 2014. *Utopías en la Era de la Supervivencia. Una Interpretación del Buen Vivir.* México: Editorial Itaca.

_____. 2015. "Agroextractivismo y acaparamiento de tierras en América Latina: una lectura desde la ecología política." *Revista Mexicana de Sociología,* 77, 4: 637–662.

_____. 2016. "Convivialidad y agroecología." In Susan Street (ed.), *Con Ojos Bien Abiertos: Ante el Despojo, Rehabilitemos lo Común.* Guadalajara: ciesas.

Giraldo, O.F., and P.M. Rosset. 2016. "La agroecología en una encrucijada: entre la institucionalidad y los movimientos sociales." *Guaju,* 2, 1: 14–37.

_____. 2017. "Agroecology as a territory in dispute: Between institutionality and social movements." *Journal of Peasant Studies.* [online] DOI: 10.1080/03066150.2017.1353496.

Harvey, D. 2003. "The 'new' imperialism: Accumulation by dispossession." *Socialist Register,* 40: 63–87.

Holt-Gimenez, E. 2006. *Campesino a Campesino: Voices from Latin America's Farmer to Farmer Movement for Sustainable Agriculture.* Oakland: Food First Books.

Holt-Gimenez, E., and M.A. Altieri. 2016. "Agroecology 'lite:' Cooptation and resistance in the global north." <https://foodfirst.org/agroecology-lite-cooptation-and-resistance-in-the-global-north/>.

Illich, I. 2006. "La convivencialidad." In Obras Reunidas I. México D.F.: Fondo de Cultura Económica.

IPC (International Planning Committee for Food Sovereignty). 2015. "Report of the International Forum for Agroecology, Nyéléni, Mali, 24-27 February 2015." <http://www.foodsovereignty.org/wp-content/uploads/2015/10/NYELENI-2015-ENGLISH-FINAL-WEB.pdf>.

Khadse, A., P.M. Rosset, H. Morales, and B.G. Ferguson. 2017. "Taking agroecology to scale: The Zero Budget Natural Farming peasant movement in Karnataka, India." *The Journal of Peasant Studies,* DOI: 10.1080/03066150.2016.1276450.

Kotschi, J. 2013. *A Soiled Reputation: Adverse Impacts of Mineral Fertilizers in Tropical Agriculture.* Berlín: World Wildlife Fund-Heinrich Böll Stiftung.

Leff, E. 1986. *Ecología y capital: hacia una perspectiva ambiental del desarrollo.* México D.F.: Siglo XXI Editores.

_____. 2004. *Racionalidad ambiental. La reapropiación social de la naturaleza.* México D.F.: Siglo XXI Editores.

Lélé, S.M. 1991. "Sustainable development: a critical review." *World Development,* 19, 6: 607–621.

Levidow, L., M. Pimbert and G. Vanloqueren. 2014. "Agroecological research: Conforming – or transforming the dominant agro-food regime?" *Agroecology and Sustainable Food Systems,* 38, 10:1127–1155.

LVC (La Vía Campesina). ___. 2013. From Maputo to Jakarta: 5 years of agroecology in La Vía Campesina." Jakarta. <http://viacampesina.org/downloads/pdf/en/De-Maputo-a-Yakarta-EN-web.pdf>.

_____. 2015. *Peasant Agroecology for Food Sovereignty and Mother Earth, experiences of La Vía Campesina.* Notebook No. 7. Zimbabwe: lvc.

_____. 2016. International conference of agrarian reform: Marabá Declaration [online]. <https://viacampesina.org/en/international-conference-of-agrarian-reform-declaration-of-maraba1/>.

Machín Sosa, B., A.M.R. Jaime, D.R.Á. Lozano, and P.M. Rosset. 2013. "Agroecological revolution: The farmer-to-farmer movement of the anap in Cuba." Jakarta: La Vía Campesina. <http://viacampesina.org/downloads/pdf/en/Agroecological-revolution-ENGLISH.pdf>.

Martinez-Alier, J., 2011. "The eroi of agriculture and its use by the Vía Campesina." *Journal of Peasant Studies*, 38, 1: 145–160.

Martínez-Torres, M.E., and P. Rosset. 2014. Ðiálogo de Saberes in La Vía Campesina: Food sovereignty and agroecology." *Journal of Peasant Studies*, 41, 6: 979–997.

Marx, K. 1946. *El capital. Crítica de la economía política.* Tomo I. Bogotá: Fondo De Cultura Económica.

Nicholls, C. 2014. "Reflexiones sobre la participación de socla en el Simposio Internacional de Agroecología para la seguridad Alimentaria y Nutrición en fao." Roma. socla.

_____. 2015. "socla reflexiones sobre la Consulta Multisectorial sobre Agroecología en Asia y el Pacífico, organizada por la fao." socla.

O'Connor, J.R. 1998. *Natural Causes: Essays in Ecological Marxism.* New York: Guilford Press.

Patel, Raj. 2013. "The long green revolution." *Journal of Peasant Studies*, 40, 1: 1–63.

Pimbert, M. 2015. "Agroecology as an alternative vision to conventional development and climate-smart agriculture." *Development*, 58, 2–3: 286–298.

Pingali, P.L., M. Hossain and R.V. Gerpacio. 1997. *Asian Rice Bowls: The Returning Crisis.* Wallingford, UK: cab International.

Polanyi, K. 1957. *The Great Transformation.* Boston: Beacon Press.

Ray, D.K., N. Ramankutty, N.D. Mueller et al. 2012. Recent patterns of crop yield growth and stagnation." *Nature Communications*, 3: 1293.

Rivera Cusicanqui, S., 2010. *Ch'ixinakax utxiwa. Una Reflexión sobre Prácticas y Discursos Descolonizadores.* Buenos Aires: Tinta limon

Rogé, P., C. Nicholls, and M.A. Altieri. 2015. "Reflexiones sobre la reunión regional de la fao sobre Agroecología para África subsahariana." socla.

Rosset, P. 2013. "Re-thinking agrarian reform, land and territory in La Vía Campesina." *Journal of Peasant Studies*, 40, 4: 721–775.

_____. 2005. "Transgenic crops to address Third World hunger? A critical analysis." *Bulletin of Science, Technology & Society*, 25, 4:306–313.

_____. 2015b. "Social organization and process in bringing agroecology to scale." In *Agroecology for Food Security and Nutrition*. Food and Agriculture Organization (fao) of the United Nations, Rome. Available from: http://www.fao.org/3/a-i4729e.pdf.

Rosset, P.M., and M.A. Altieri. 1997. "Agroecology versus input substitution: A fundamental contradiction of sustainable agriculture." *Society and Natural Resources*, 10: 283–295.

Rosset, P., and M.E. Martínez-Torres. 2012. "Rural social movements and agroecology: Context, theory and process." *Ecology and Society*, 17, 3: 17.

Rosset, P.M., B. Machín Sosa, A,M, Jaime and D.R. Lozano. 2011. "The campesino-to-campesino agroecology movement of anap in Cuba: social process methodology in the construction of sustainable peasant agriculture and food sovereignty." *Journal of Peasant Studies*, 38, 1: 161–191.

Scoones, Ian. 2014. "Sustainable intensification: A new buzzword to feed the world?" Zimbabweland. <https://zimbabweland.wordpress.com/2014/06/16/sustainable-intensification-a-new-buzzword-to-feed-the-world/>.

Vásquez Zeledón, J. I. and Rivas Espinoza, A. 2006. De campesino a campesino en Nicaragua, Managua: UNAG.

Wezel, A., S. Bellon, T. Doré, et al. 2009. "Agroecology as a science, a movement, and a practice." *Agronomy for Sustainable Development*, 29, 4: 503–515. <http://dx.doi.org/10.1051/agro/2009004>.

農民学校の定例会議。信頼を得た農民普及員が参加する ［Atilano Ceballos 提供］

訳 者 解 説

　本書は、「グローバル時代の食と農」シリーズの第４巻であり、シリーズを
貫く基本的なアプローチであるアグロエコロジーを様々な角度から概説してい
る。訳者の１人は欧州の環境問題への取り組みに関心があり、もう１人はラテ
ンアメリカの先住民族や小農の研究を続けてきたことから、アグロエコロジー
的なるものを身近に感じてきた。シリーズ監修者の１人である舩田さやかさん
から本書の翻訳を打診されたときは、喜んで引き受けることにした。原文に忠
実な訳を心がけたが、抽象的で意味が取りにくい文や回りくどい表現について
は、意訳した箇所がある。専門的で本文中に説明のない概念や重要な固有名詞
には訳注をつけるようにした。小林舞さん、久野秀二さんをはじめ、シリーズ
監修者の皆様には、訳文の草稿を入念に読んで数多くの誤りを指摘していただ
いたことに、この場を借りて御礼申し上げる。

1　本書の著者と内容、意義

　第一著者のピーター・ロセット（Peter Rosset、1956年〜）は、アメリカ合衆国
出身の行動的な研究者であり、中米諸国を含むラテンアメリカを主なフィー
ルドとしている。ミシガン大学で博士号を取得し、現在はメキシコ、チアパ
ス州にある南部国境大学院大学（Colegio de la Frontera Sur）の農業社会環境学部
のアグロエコロジー学教授であり、ブラジルのセアラ連邦大学の地理学部の
客員教授でもある。数多くの著作の中には、単著『食料は違う——なぜWTO
を農業から追い出すべきなのか（Food is Different: Why We Must Get the WTO out of
Agriculture）』（Global Issues, 2006）や共著『世界の飢餓——12の神話（World Hunger:
12 Myths, Second Edition）』（Food First Books, 1998）などがある。これまでに、アメ
リカのスタンフォード大学、カリフォルニア大学バークレー校、テキサス大
学オースティン校のほか、国立ニカラグア農業大学、ハバナ農業大学、コスタ

リカの熱帯農業研究教育センター等で教育・研究の経験がある。農地研究アクションネットワーク（Land Research Action Network）のコーディネーター等、様々なアグロエコロジー関連のシンクタンクや運動組織で重責を果たしている。

　第二著者のミゲル・アルティエリ（Miguel Altieri、1950年～）はチリ出身の、アグロエコジーの分野で世界を代表する研究者であり、学際的、実践的な学問としてのアグロエコロジーの体系化に深く貢献してきた。フロリダ大学で博士号（昆虫学）を取得し、現在はカリフォルニア大学バークレー校の環境科学政策経営学部のアグロエコロジー学名誉教授であり、ラテンアメリカ・アグロエコロジー学会の創始者でもある。2018年には、京都府により、第9回 KYOTO 地球環境殿堂の一員に選ばれているほか、世界各国の大学の名誉博士号を授与されている。膨大な著作の中で、単著『アグロエコロジー——持続的な農業の科学（Agroecology: The Science Of Sustainable Agriculture, Second Edition)』（Westview Press, 1995）、共著『農業生態系における生物多様性と害虫管理（Biodiversity and Pest Management in Agroecosystems, Second Edition)』（CRC Press, 2004）などが比較的よく知られている。このように本書は、アグロエコロジーの実践的理論としての確立と普及に深くかかわってきた2人の識者により書かれた啓蒙書である。

本書の構成

　各章の内容を簡潔に紹介すると、序文「岐路に立つアグロエコロジー」では、本書で扱うアグロエコロジーが工業的農業（industrial agriculture）とそれを支える文明へのオルタナティブを志向するラディカルな性格を持つことを力説しつつ、近年、大企業や国際機関等の体制側から、それを環境や健康を気遣う中産階級向けの農業マーケティング戦略のように矮小化し、取り込もうとする動きがみられることに注意を促す。第1章「アグロエコロジーの原理」では、アグロエコロジーが、途上国の小農や先住民族の持つ土着の知を、エコロジー（生態学）や農学、社会科学等の諸科学の成果と結び付けながら再評価するものであることが提示される。それは、化学肥料や農薬、借入金などの外的投入（財）に依存し、持続可能性にも乏しいモノカルチャーとは対極にある。混作や間作、アグロフォレストリー（森林農業）、家畜との統合、被覆作物等の農法を通じて、作物と景観の多様性を促し、互いに相乗効果を持つ生態系サービス（有機物の蓄積、栄養分の循環、水資源の保全、病虫害制御など）を活発化させることにより、生産は安定化し、様々な作物の価値を足し合わせた（単位面積あた

りの）総生産性も高まる。自然条件も社会条件も地域ごとに大きく異なるため、異なる地域に移転できるのは個々の技術ではなく、その根底にある原理となる。

　第2章「アグロエコロジー思想の歴史と潮流」では、思想を含むアグロエコロジーの歴史が概観される。アグロエコロジーの基礎をなす様々な研究や実践が紹介された後、それが農村開発論や小農再評価論の流れと関連することが論じられる。さらに、アグロエコロジーとの重なりの大きい農業実践（有機農業やフェアトレード、エコ農業）の意義と限界が示され、最後にアグロエコロジーはエコフェミニズムと互いに刺激を与え合ってきたことが述べられている。

　後半に入ると、第3章「アグロエコロジーを支持するエビデンス」において、アグロエコロジーの原理に基づく食料生産が、環境保全、雇用や国内需要等の点で依然として重要性を持つだけでなく、単作で外部からの投入財に依存しがちな工業的農業と比べて、環境と健康に優しく持続可能性において優れるだけでなく、より生産的であり得ることを示した数多くの統計データと先行研究とが紹介されている。エビデンスはアフリカ、アジア、ラテンアメリカの大地域ごとに分けられているが、特にラテンアメリカについての論述は、中米諸国のカンペシーノ運動、キューバ、アンデス諸国、チリ、ブラジル、メキシコのミルパ（トウモロコシをベースとする伝統的な混作農法のこと）等、厚みがある。

　続く第4章「アグロエコロジーの普及に向けて」と第5章「アグロエコロジーの政治学」は人文社会科学的な色合いが濃くなり、前者ではアグロエコロジーの普及のための社会的、組織的基礎が検討され、後者ではアグロエコロジーの政治学が展開される。4章では、世界各地の経験に依拠しながら、アグロエコロジーを拡げていくプロセスが議論される。普及のための様々な条件が取り上げられているが、とりわけ強調されるのが、カンペシーノ運動やZBNF（インドのゼロ予算自然農法運動）のような農民運動、小農アグロエコロジー学校あるいは地域市場の振興といった水平的な性格の社会組織と運動の果たす役割である。5章では序文の問題提起が掘り下げられる。現代世界でアグロエコロジーを擁護する陣営を体制派と市民社会派とに分け、真の転換を求める後者は前者による流用、取り込みの脅威に屈することなく闘う必要のあることが説かれる。

本書の骨子

　訳者なりに本書の骨子をまとめるならば、以下のようになる。農業関連の諸

科学は全般に、工学的ないし経済学的なアプローチへの志向を強めていった。農作物を工業製品のようにみなして、大規模化、化学投入財の頻用やGMO（遺伝子組換え作物）の開発・導入等を通じて、単作（モノカルチャー）の収量極大化を追求した。また、農業の保護や「特別視」を批判し、貿易自由化や規制緩和、交通・通信インフラの整備等を通じて、比較優位に基づく分業を唱えてきた。こうしたアプローチは、世界全体の穀物生産量や家畜の頭数で測った効率性を達成した。その反面、様々な次元での環境破壊、飽食と飢餓の併存、健康被害、農村の疲弊、（政府による補助の少ない国々における）農家の借金苦、農業と食にまつわる伝統と自律性の喪失など、数多くの問題を引き起こしてきた。

　有機農業は、これらの問題の解決策として期待されたが、今日スーパーやファミレスで目にする有機食材の多くは、化学投入財の利用を減らしただけで、大規模な生産・流通ネットワークに組み込まれている。そこに見いだされるのは、システムに対する批判精神というよりは、経済的に恵まれた階層を意識したマーケティングである。こうした状況を受けて、アグロエコロジーは、農学（その中でも工学的な側面の薄い下位分野）、人間社会と自然の共存を論じるエコロジー等、自然科学的な分野に加え、（特に社会運動や民主化を意識した）社会学と政治学、哲学、場所と時間の制約を受ける知識を研究対象とする人類学等、人文社会の諸科学の成果も積極的に取り入れる。そうすることで、支配的な農業と食のシステムを変革するための包括的で、非専門家にも開かれた知の体系を築こうとする。

　誤解を恐れずに言えば、アグロエコロジーとは、農業の文学的、政治的な側面に光を当てるものである。頁をめくる中で、読者が突き詰めてみたい論点を見出したならば、引用文献にあたるのもいいし、本シリーズで内容の近い巻を読むのもいいだろうし、日本人によって書かれた関連書籍と読み比べるのもいいだろう。

アグロエコロジーとラテンアメリカ（開発途上国）

　以上が本書の要約だが、付け加えるべき論点として、アグロエコロジーのグローバルな展開において、ラテンアメリカをはじめとする開発途上国の人びとの貢献が大きなことが挙げられるだろう。アグロエコロジーの歴史において、アメリカやドイツ、イタリアなど欧米諸国は重要な役割を果たしてきた。自然農法や提携等、日本にも、アグロエコロジーに取り入れられた実践が存在

する。だが、特にラテンアメリカに当てはまるが、経済的に豊かとはいえない
国々において、アグロエコロジーが広まりつつある。著者のアルティエリは南
米チリの出身であり、ロセットの勤務先は天然資源に恵まれるもののメキシコ
の最貧洲であり、近年は先住民運動や有機コーヒーの生産地として知られるチ
アパスに位置する。アグロエコロジーの普及を掲げる国際的な小農運動である
「ビア・カンペシーナ（La Vía Campesina：小農の道）」の会員組織の中で、ブラジ
ルの土地なし農民運動（MST）をはじめ、ラテンアメリカの運動組織は、その
能動性と組織力により運動を支えてきた。本書で何度も言及があるように、イ
ンドやフィリピンなどラテンアメリカ諸国以外にも、アグロエコロジーを学び、
適用しようという動きが広がりをみせている。

　途上国でアグロエコロジーが唱えられ実践されているのは、小農の大部分が
途上国に集中していることを考えれば当然ともいえる。それは、日本を含む先
進国と途上国との関係に反省を迫る動向でもある。先進国政府による農産物へ
の輸出補助金、貧農の排除や土地の収奪（land grabbing）に環境破壊やアグリビ
ジネスへの依存といった負の諸側面を持つ途上国における緑の革命と輸出向け
換金作物栽培の拡大、熱帯や亜熱帯で特に顕著とされる地球温暖化の悪影響な
ど、途上国の農業従事者の大部分を占める小規模農民のおかれた状況は厳しく、
それには先進国の生産者と消費者、政府にも責任がある。

　ラテンアメリカの場合、多くの日本人は「天然資源に恵まれ、農業において
競争力のある地域」とのイメージを持っているのではないだろうか。コーヒー、
チョコレート（カカオ）、鶏肉と豚肉、アスパラ、アボカド、バナナ、ブドウ、
サーモンに赤エビ、オレンジジュース等、日本の食卓に並ぶラテンアメリカ産
の食べ物は多い。だが、一次産品の輸出は、土地分配の不平等や国家の能力の
低さ等の国内要因も相まって、同地域の人びとを広く潤してきたわけではない。

　2000年代に入ると、ブラジルやアルゼンチンにおける油や飼料用の大豆生産
に代表されるように、ラテンアメリカで一次産品ブームが起こった。それはこ
れまで何度も繰り返されてきたブームとは異なり、近代的な技術や経営様式を
取り入れたものであるといった楽観的な解釈もなされた。しかし、主な需要先
である中国やインドの急成長がいつまでも続くわけではない。森林や灌木帯、
ラグーンの農地転換や化学投入財の多用は、すぐに深刻な問題を惹起せずとも、
数十年後の環境は危ぶまれる。雇用の創出や国内農産物の価格、アグリビジネ
スの政治への介入等の点からみると、ラテンアメリカの庶民がブームから受け

る恩恵は限られる。脂の滲み出る輸入ブロイラーを、訳者は居酒屋で、子ども
はコンビニで食べるが、たくさん消費して健康は害されないのだろうか。日本
政府は、「食料安全保障」の観点から数百〜数千 ha の規模の農園で栽培される
大豆生産への支援を続けるべきなのだろうか、それとも別の形の農業支援に重
点を移すべきなのか。このように、アグロエコロジーは自分自身の暮らし、身
近な環境や人間関係を見つめ直す契機となるだけでなく、遠い世界にも思いを
めぐらしそことのつながりを再考することを促すものである。

2　穏健派の立場、戦略的な観点からみたラディカリズムの功罪

　訳者は、多くの日本人に手に取ってもらい、アグロエコロジーについて
知ってもらうことを期待して、本書を日本語に訳した。だが、訳出の過程で、
著者らのラディカリズムに納得できないと感じられることがあったのも事実
である[1]。

　ラディカルであることは孤立という犠牲を伴う。アナーキスト的な信条に則
り、近代科学批判、資本主義批判という筋を通し、すり寄ろうとする大企業や
国際機関への妥協を拒むことで、アグロエコロジーは一貫性を保ち、孤高の存
在として輝きを放つことができる。

　ラディカルな言説と実践を中に含まずして、社会運動が正統性と活力を保つ
ことは難しい。どこか胡散臭い有機食材ばかりが市場に出回れば、エコロジー
と結び付く農業全体が共倒れになる。だが、著者らは、特に5章において、ア・
グ・ロ・エ・コ・ロ・ジ・ー・全・体（長期的にはおそらく農業全体）がラディカルな方向に進ま
ねばならないと説き、多様な環境保全型農業の共存を認めたくないようにみえ
る。こうした方針を堅持するならば、アグロエコロジーの影響力は限定的なも
のにとどまる可能性が高いのではないだろうか。

　研究者もアクティビストも、企業や役人同様、身内に甘く、よそ者には厳し
い。本書で批判される側の工業的な農業は、その定義上、生産効率の改善を目
的とし、持続可能性や安全性、農民の暮らしへの影響は二次的な扱いを受ける。
アグロエコロジーはその逆である。だが、学問的により誠実で、社会的にも必
要とされるのは、それぞれの苦手な部分を克服する努力、すなわち工業的な農
業の場合は収量以外の価値の実現あるいはその損失の最小化に真摯に取り組む
ことであり、アグロエコロジーの場合は生産効率や収益の問題に本気で向き合

うことであろう。

　3章では、アグロエコロジーは生産効率において劣ることはないといういく
つかの研究結果が示されている。だが、それらは、複数の目標を複数の手段で
達成するというアグロエコロジーの性質ゆえに成果を数量的に評価しにくいこ
とを差し引いても、転換の好ましさを裏付けるのに十分とはいえない。外部投
入財に何ら頼ることなくとも、多種多様な作物の栽培と家畜の飼育を組み合わ
せ、さらに可能ならば収穫物を自ら加工して売ることにより、小区画当たりの
総生産物の価値が、慣行農法で単一の作物を生産する場合よりも高くなること
は大いにあり得る。とはいえ、後者と比べ前者は、一般に農民側により多くの
知識と技術、時間の投入を要請するものであり、小規模経営にならざるを得な
いところがある。0.5ha の農地で有効な集約的有機農法を5ha に拡大すること
は難しい。3章の中で紹介された土地等価比率（LER）は、規模について中立
的な指標である点で問題がある。また、部分的にであれ、今日の農民は市場経
済に統合されている。雑草を刈り、収穫物の中から優れた種子を選び、家畜の
世話をすることへの見返りが低ければ、彼らの多くは、プランテーションで農
業労働者として雇われる、雑貨店を開く、あるいは大都市や国外に移住するこ
とを通じて、所得の増大を望むようになる。訳者の1人がメキシコで行った調
査によれば、小規模農家に有機農業の普及を阻む最大の要因は、より手間のか
かる産物を評価する販路の欠如である。本書では、市場経済への不信から、ア
グロエコロジーの実践の産物を売る工夫についての考察が不足している。市場
向け販売は必ずしも自立の否定を意味するわけではない。

　このように、本書のアグロエコロジー観に従うならば、農業に関する経験知
や土壌への思い入れの少ない若い世代、および新たな産物の市場へのアクセス
を見出せない農民の間に、それが普及するのは難しくなる。著書らがそこで突
破口として期待するのは、農民間の水平的な学び合いと相互扶助であり、かつ
農民と消費者間の連帯である。本書では people という語は基本的に「人びと」
と訳したが、（資本や国家により搾取されており、社会変革の主役足り得るという含意
のある）「人民」や「民衆」という訳語を当てはめるべき場面も多くみられた。
だが、こうした運動論的なアプローチによって、どこまで困難を乗り越えられ
るのか疑問は残る。ブラジルのMSTがよい例だが、よく組織された主体の間
で新たな知識や考え方が広まりやすいということは、逆に組織化に馴染みにく
い主体、組織から脱落した主体には広まりにくいことを意味する。カンペシー

ノ運動が最も成功を収めた例として、キューバでの有機農業の急成長があげら
れているが、社会主義国であり、ソ連崩壊後に穀物や石油の輸入が減り食料危
機に陥った社会における市民間の協力と農業への動員を、他の社会に期待する
ことができるだろうか。カンペシーノ運動を通じてアグロエコロジーに共鳴し
た慣行農家がいたとしても、家庭菜園の設置や一部農地での試験的栽培のレベ
ル――これも大きな達成ではあるが――を超えてそれに全面的に転換するには、
他の多くの条件が必要になるだろう。また、顔の見える範囲で農民と消費者を
直接結び付ける試みが促進されるべきだとしても、大型化した日本の消費者生
協や有機農産物の第三者認証は、初期の運動精神からの逸脱として一概に否定
されるべきなのだろうか。

　非営利主体による社会運動に大きな期待を寄せる一方で、各国政府や国連な
どの公的組織に対する著者らの立ち位置は微妙である。工業的な農業を支持す
る基本姿勢を変えないことを非難する一方で、それらから支援を受けることを
否定しないからである。ブラジルの場合、左派の労働者党（PT）政権（2003～
16年）は、アグリビジネスや農園主による内陸のセラード地域の開発に歯止め
をかけるよりは促した一方で、有機農産物の政府機関による買取などを通じて
アグロエコロジーの成長も支援してきた。国連食糧農業機関（FAO）は労働者
党政権のように曖昧で両義的な国際機関だが、そうした機関とも積極的に連携
してアグロエコロジーの国際的な認知度を高め、具体的なプロジェクトの実現
を目指すべきなのか、それとも彼らに取り込まれ、骨抜きにされる脅威を優先
して距離を保つべきだろうか。

　訳者はラディカリズム自体を否定するわけではない。そうではなく、工業的
な農業の対極にあるアグロエコロジーだけが追求するに値し、似た点のある実
践を評価したり協働すべき対象というよりはむしろ運動の真正さを汚すものと
して警戒すべきとする理想主義を徹底するならば、経済効率をはじめとする自
分たちの弱点を正確に見据えてその緩和の道筋を見出すことを困難にし、結果
的に農民の自律性、景観やコミュニティの回復といった自分たちの強みがより
広い地域で成就される可能性を閉ざしてしまうように感じられるのである。農
業は効率の観点からだけ語られてはいけないし、小農の知識と技術、生き方を
再評価し、その権利を擁護してきたことはアグロエコロジーの功績である。だ
が、著者らは、小農に対しては属するコミュニティや慣れ親しんだ景観を優先
して生きること、さらには小農的なるものを擁護する人びとには政治的である

こと、を要求し過ぎているのかもしれない[2]。

3　著者との対話

　2019年3月26日、メキシコの首都メキシコシティで、訳者の1人は第一著者のロセットと会う機会を得た。そこで、アグロエコロジーを取り巻く現状への認識と取るべき戦略について聞いてみた。アグロエコロジーの拡がりは、大企業や政府によって都合のいいように流用されるリスクのある一方で、工業的な農業一辺倒だった趨勢に一石を投じたという意味では肯定的に評価してもいいのではないかと質問してみた。彼の答えは、環境面ではそういえるかもしれない。だが、途上国における土地の収奪や多国籍企業による市場独占等、それ以外の点で変化はみられない。だから、近年におけるアグロエコロジーの流行には警戒しているというものだった。彼のラディカリズムは、「行動する研究者」として、30年近くラテンアメリカの小農支援にかかわってきた経験に根差している。

　また、市場の狭小さ等、アグロエコロジーの普及にとっての実際上の課題についても聞いてみた。ロセットによれば、アグロエコロジーの側がこれまで豊かな階層をもっぱら相手にしてきたことは誤りである。より安価に健康な農産物を提供するなどして、都市の非富裕層に浸透していくことが必要となる。有権者の多くを占める彼らの支持なくしては、小農の利益となるような農業政策の転換は望めない。また、生産の観点から注目されるのは、若い世代の間でのアグロエコロジー的な農業の実践への関心の高まりだという。彼らの多くは、親ないし祖父母が農業に携わってきたのだが、都市で魅力的な就業先を見出しにくい中、伝統農業の可能性を再発見する。これは先進国を含む世界的な現象であり、そこではIT技術を操り生産者と消費者がつながり、農業への関与のあり方も多様化していく。この点に関してロセットは、2章で言及のあったJan Douwe van der Ploegによる「再小農化」論が有益だという。こうした議論に対しては、「農業生産の主力は大規模な専業農家が担い続ける」という反論が予想される。とはいえ、都市と農村の垣根を低くすることは、現代の小農運動が説くように、政治面からも経済面からも今後さらなる戦略的重要性を帯びていくだろう。

　本書の価値は、その一語一句の妥当性にあるのではなく、現状とは違う見方

や実践があることを読者に気付かせ、改善に向けての議論を喚起することにある。日本でも、世界の異なる地域の経験を意識しながら、農業と食のあり方に反省を迫る様々な動きが活発化することを願ってやまない。

　2020年1月15日

監訳者　受田宏之

　　［注］
　1）本節以下では、アグロエコロジーの長所を評価しつつ、残された課題を取り上げる。だが、経済学者ら多くの科学者の間では、本文中でも言及されているように、アグロエコロジーは慣行農業に全般に劣り、夢想家の趣味のようなものと先験的にみなされている。たとえば、アフリカを念頭においた議論として、ポール・コリアー『収奪の星――天然資源と貧困削減の経済学』（みすず書房、2012年）を参照のこと。
　2）藤原辰史は『ナチス・ドイツの有機農業』（柏書房、2005年）の中で、バイオダイナミック農法等の有機農業が、伝統的な農民像や景観の美化、民族（人間）の序列化と生命（自然）尊重主義のグロテスクな結合、さらには戦時下での食料確保の必要性といった経路を通じて、ナチス・ドイツの一部関係者により利用されてきたという史実を明らかにしている。アグロエコロジーは、人種主義と戦争に反対するという点でナチスとは180度異なる。だが、小農をロマン主義的に理想化しがちな点や（方向性は「下から」にせよ）政治的動員に訴えがちな点などは、相対化すべき余地があるのかもしれない。

［監修］

ICAS（Initiatives in Critical Agrarian Studies）日本語シリーズ監修チーム

池上甲一（近畿大学名誉教授）

久野秀二（京都大学大学院経済学研究科教授）

舩田クラーセンさやか（明治学院大学国際平和研究所研究員）

西川芳昭（龍谷大学経済学部教授）

小林　舞（総合地球環境学研究所研究員）

［監訳者］

受田宏之（うけだ・ひろゆき）

東京大学大学院総合文化研究科教授

著書に、「小農と有機農業の普及ネットワーク——メキシコにおける参加型認証の事例」『ラ
　テン・アメリカ論集』No. 50（2016年）など。

［訳者］

受田千穂（うけだ・ちほ）

ルンド大学（スウェーデン）産業環境経済研究所修士課程修了（理学修士）。翻訳業。

［著者］

ピーター・ロセット（Peter M. Rosset）

メキシコ、チアパス州にある南部国境大学院大学（Colegio de la Frontera Sur）の農業社会環境学部のアグロエコロジー学教授。
著書に、『食料は違う——なぜWTOを農業から追い出すべきなのか（Food is Different: Why We Must Get the WTO out of Agriculture）』（Global Issues, 2006）や共著『世界の飢餓：12の神話（World Hunger: 12 Myths, Second Edition）』（Food First Books, 1998）などがある。
農地研究アクションネットワーク（Land Research Action Network）のコーディネーター等、アグロエコロジー関連のシンクタンクや運動組織で重責を果たしている。

ミゲル・アルティエリ（Miguel A. Altieri）

カリフォルニア大学バークレー校の環境科学政策経営学部のアグロエコロジー学名誉教授。ラテンアメリカ・アグロエコロジー学会を創設。
著書に『アグロエコロジー——持続的な農業の科学（Agroecology: The Science Of Sustainable Agriculture, Second Edition）』（Westview Press, 1995）、共著『農業生態系における生物多様性と害虫管理（Biodiversity and Pest Management in Agroecosystems, Second Edition）』（CRC Press, 2004）などがある。
2018年に京都府より、第9回KYOTO地球環境殿堂の一員に選ばれている。

グローバル時代の食と農4
アグロエコロジー入門
——理論・実践・政治

2020年2月25日　初版第1刷発行

監　修　　ICAS日本語シリーズ監修チーム
著　者　　ピーター・ロセット
　　　　　ミゲル・アルティエリ
監訳者　　受　田　宏　之
訳　者　　受　田　千　穂
発行者　　大　江　道　雅
発行所　　株式会社明石書店
〒101-0021東京都千代田区外神田6-9-5
電　話　03（5818）1171
FAX　03（5818）1174
振　替　00100-7-24505
http://www.akashi.co.jp
組版　　　有限会社秋耕社
装丁　　　明石書店デザイン室
印刷／製本　日経印刷株式会社

（定価はカバーに表示してあります）　　　　ISBN 978-4-7503-4917-6

開発社会学を学ぶための60冊

援助と発展を根本から考えよう

佐藤寛、浜本篤史、佐野麻由子、滝村卓司 編著

■A5判／並製／248頁 ◎2800円

開発社会学の基礎的文献60冊を紹介するブックガイド。8つのテーマに分けて文献を選び、基礎的な知識、ものの見方を紹介する。各書籍には関連文献などを挙げ、さらに学びたい人にも役立つ構成。学生から開発業界に携わる実務者まで幅広く使える、必携の「開発社会学」案内。

開発政治学を学ぶための61冊

開発途上国のガバナンス理解のために

木村宏恒 監修　稲田十一、小山田英治、金丸裕志、杉浦功一 編著

■A5判／並製／296頁 ◎2800円

いまや「良い統治」をどう実現するかは開発の焦点であり、開発の世界で焦点となったガバナンス（統治）を、政治学的に位置づけたものが開発政治学である。開発は国づくりであり、国をつくるのは政治であるという「開発の基本」を、政治学の各分野と関連する61冊の本の紹介を通じて理解する新たな視点の概説書。

〈価格は本体価格です〉

医療人類学を学ぶための60冊

医療を通して「当たり前」を問い直そう

澤野美智子 編著

■A5判／並製／240頁 ◎2800円

持続可能な社会を考えるための66冊

教育から今の社会を読み解こう

小宮山博仁 著

■A5判／並製／240頁 ◎2200円

〈価格は本体価格です〉

グローバル時代の
食と農

ICAS日本語シリーズ監修チーム ［シリーズ監修］

A5判／並製

新自由主義的なグローバリゼーションが深化するなかで、私たちの食生活を支える環境も大きな変容を迫られている。世界の食と農をめぐる取り組みにおいて、いま何が行われ、そしてどこへ向かおうとしているのか。国際的な研究者ネットワークICASが新たな視野で展開する入門書シリーズの日本語版。

〈価格は本体価格です〉